远征 2358年 达尔文第四星球之旅

EXPEDITION

BEING AN ACCOUNT IN WORDS AND ARTWORK OF THE 2358 A.D. VOYAGE TO DARWIN IV

[美] 韦恩·巴洛 著/绘　　胡慧萱 译　　拉兹 顾备 刘海静 审

人民邮电出版社
北京

图书在版编目（CIP）数据

远征：2358年达尔文第四星球之旅 /（美）韦恩·巴洛著、绘；胡慧萱译. -- 北京：人民邮电出版社，2024.5
ISBN 978-7-115-62929-6

Ⅰ. ①远… Ⅱ. ①韦… ②胡… Ⅲ. ①科学幻想－美国－图集 Ⅳ. ①N49

中国国家版本馆CIP数据核字(2023)第208136号

著 / 绘 [美]韦恩·巴洛
译 胡慧萱
审 拉兹顾备 刘海静
责任编辑 闫妍
责任印制 周昇亮

人民邮电出版社出版发行
北京市丰台区成寿寺路11号
邮 编 100164
电子邮件 315@ptpress.com.cn
网 址 https://www.ptpress.com.cn
北京启航东方印刷有限公司印刷

开 本 787×1092 1/12
印 张 16.67
字 数 252千字
2024年5月第1版
2024年5月北京第1次印刷
著作权合同登记号 图字：01-2023-4381号
定 价 198.00元

读者服务热线：（010）81055296
印装质量热线：（010）81055316
反盗版热线：（010）81055315
广告经营许可证：京东市监广登字20170147号

内容提要

本书是知名幻想艺术家、小说家韦恩·巴洛于1990年首次出版的科幻艺术作品集的中文版，他用精致的手绘图片和优美的语言向读者展示了一个幻想中的外星球——2358年的达尔文第四星球，以及生活在这颗星球上的各种外星生物。本书的主题为“远征”，以达尔文第四星球上的6个地域为主题，分别介绍了生活在不同地域的科幻生物。本书收录超精手绘大幅彩图40余幅、黑白手绘线稿60余幅，每一幅作品都配有详细、有趣的文字。本书图文并茂，非常适合对外星科幻题材感兴趣的读者阅读，也适合喜欢幻想生物的绘画爱好者和从业者欣赏、参考。

致中国读者

PREFACE

自我创作并绘制《远征》以来，已经过去将近 30 年了。自这本书出版以来，科学界已经发生了许多变化，这是可以预见的事。不过难以置信的是，机器人探测器已经可以横贯距离我们最近的行星邻居——火星，甚至能将另一颗星球上的瑰丽画面发送回来，让我们竟能目睹另一颗外星球上的日升日落。在 20 世纪 90 年代，被辨认出的系外行星屈指可数，但是如今这个数字已经达到了 5000。其中有几十颗系外行星已经被认为有可能存在生命，《远征》就是一本探讨这种可能性的书。

只可惜，随着时间的推移，我们自己的星球变得愈加脆弱，饱受人类无情的摧残。据估计，到 2100 年，全球至少有一半的物种可能已经灭绝。《远征》也是一本探讨这种可能性的书。

究其根本，《远征》是一部自然冒险类的科幻小说，或许开创了同类型作品的先河。我是由两位著名的自然插画家抚养长大的，他们让我爱上了动物，以及与它们息息相关的生态系统。随着我的成长，我越来越意识到生态环境的脆弱性。而我们人类作为一个种族，并没有保护好这个世界和无辜的动物居民。基于这样的思考，我在创作时设定了几个目标。从表面上看，这是一本以查尔斯·达尔文（Charles Darwin）的《小猎犬号航海记》（*Beagle Voyages*）为模式的科幻冒险类小说，是一本关于外星生命的、满怀期望并引人入胜的设定集。这本书旨在帮助读者思考，在宇宙中其他地方存在生命的可能性。对我来说，这并不是一个问题，而仅仅是一种确定的未知。其他世界上的生命也许并不丰富，但从概率上来说一定存在。虽然“已知生命”这个老词仍有一些意义，但在我看来，随着宇宙之不可预测在我们的探索下逐渐展开，这个词的意义也将逐渐消失。

但在探索另一个类地行星的生态时，《远征》也意在成为一个警示寓言，它旨在强调地球生命的脆弱性，并激起人们对我们自己世界中的生物的兴趣和欣赏。达尔文第四星球是一个未被人类触及的原始外星世界。与我们的世界不同，它是一个没有被贪婪和私利玷污的地方。这个故事里，饱含着一种渴望。我希望有一个和谐的世界，不仅在我们的物种之间，也在与我们共享这个星球的动物之间。达尔文第四星球就是这种渴望的化身。虽然书中有关达尔文第四星球动物的许多想法和行为都是奇怪的、异世界的，但它们的大多数特征都是从地球上鲜为人知的动物的生活方式中衍生和融合出来的。这的确是我有意为之。如果过于偏离我们可以了解到的知识，那就会搞错重点，因为我们星球上的生物本身就是奇迹。

早在 2005 年，《远征》就被改编为美国“探索频道”的节目《异形星球》（*ALIEN PLANET*）。该节目跟随两个机器人探测器穿越达尔文第四星球，途中遇见了书中的许多生物。它为我创造的世界带来了全新的、更广泛的观众群体。这个新版本也将做到这一点。我衷心希望《远征》能激发读者们的想象力，无论老少；并引发人们对野生动物的新认识，无论它们存在于哪个星球。

韦恩·巴洛

2023 年 11 月

于美国

欢迎进入这颗异形星球

一个人的成长必然会受到诸多外界因素的影响。在这些影响因素中，倘若有一部作品能够帮助你成长，那真是一件幸福而让你记忆深刻的事。

我今天会成为一名科幻文学编辑，正是因为有幸遇到了这样的作品。

吸引我走上科幻文学编辑道路的第一本书，是我至今不确定其名字的科幻短篇合集。那是我初中毕业、正要去上高中的那年暑假，在表哥家的书橱里看到的一本已经快被翻烂的书，这也是我第一次正式接触科幻小说。其中有一篇文章让我印象深刻，后来专门上网查了才知道是美国著名科幻作家雷·布拉德伯里的《霜与火》。这部大师作品让我对科幻小说产生了强烈的“印刻”效应，确定了我后来对科幻的热爱。不得不说，能够通过这样的名家名作来启蒙，是我的幸运。

上了高中后对我影响最大的出版物，当然是我现在所服务的《科幻世界》杂志。正因为这本杂志，当1999年我参加高考、面对“假如记忆可以移植”这道作文题目的时候，果断写了一篇科幻小说。

但是，《霜与火》和《科幻世界》只是让我喜欢上了科幻，并决定放弃自己所学习的专业，以科幻文学编辑作为自己未来的职业；真正使我对科幻“开窍”的作品，是2005年的一部名叫《异形星球》（*Alien Planet*）的科幻科普纪录片。

《异形星球》是根据幻想艺术家韦恩·巴洛（Wayne D. Barlowe）先生的构想拍摄的，展现了在一颗虚构星球上演化出的外星生物系统。是的，它不是只描述一个或者一群独立的外星生物，而是想象了一个不同生物之间相互影响的外星生态圈。这部“纪录片”对我的震撼超过了几乎所有之前看过的科幻电影。那是我第一次“开悟”什么是科幻——科幻不是一个一个的幻想故事，而是关于整体的虚构叙事。

也是在那一年，刘慈欣出版了他的重要长篇小说《球状闪电》，并在后记中写下这样一段话：

（阿瑟·克拉克的《2001：太空漫游》和《与拉玛相会》）这两本书确立了我的科幻理念，至今没变。在看到它们之前，我从凡尔纳的小说中感觉到，科幻的主旨在于预言某种可能在未来实现的大机器，但克拉克使我改变了看法。他告诉我，科幻的真正魅力在于创造一个想象中的事物（《2001：太空漫游》中的独石）或世界（《与拉玛相会》中的飞船）。

这段话完美地表达了我看《异形星球》时的感觉以及完全相同的影响——确定了我同样的科幻理念。为此，我在那段时间里除了继续阅读科幻小说，开始疯狂地寻找类似的作品，比如《未来狂想曲》（*The Future is Wild*）、《人类灭绝之后的动物》（*After Man: A Zoology Of The Future*）等。然而，这些作品虽然都很惊奇有趣，但都没有了《异形星球》那样的震撼——很明显，这种震撼并不仅仅源于作品本身，而是如前所述，这部作品让我悟到了科幻的本质。

此后，我的整个科幻文学编辑生涯都受到这部作品的影响。最近这些年，我一直“鼓吹”科幻能够用幻想起到独特的科普作用，在很多场合倡议中国影视机构拍摄这样的科幻科普纪录片，并提出这类纪录片是和影视故事同样重要的科幻产业类型，都源于此。

所以，当我知道好友袁征竟然要出版韦恩·巴洛先生的这本书的时候，我忍不住讲述了这个故事。袁征兄惊异于这段隐秘的缘分，当即邀请我为本书作序。我虽然自知没有资格为韦恩·巴洛先生的作品撰写序言，我只是当初阅读《异形星球》的那个爱好者，但因为藏着与偶像的作品产生联系的私心，便赧颜应承下来，希望尽自己所能为这本惊奇惊艳之作鼓与呼，把这部影响了我职业认知的作品推荐给更多的中国读者，特别是科幻迷朋友。

作为一名“粉丝”，我实在有太多赞誉的话要讲，但在这本书面前，任何过多的文字都是在耽搁读者们享受炫酷的震撼之旅，所以我不得不忍住啰唆——现在，请各位赶快翻过这一页，登上这颗充斥着幻想风暴的异形星球吧！

拉兹

科幻世界杂志社副总编

2023年11月

于成都

巴洛艺术创作中的自然主义意识

巴洛是美国的一位幻想和暗黑艺术大师，为很多伟大的科幻电影进行过美术创作。我不了解他这个人，但很熟悉他参与创作的电影作品。

达尔文第四星球的环境与生物设计，与他以往的电影概念设计有着很大的不同。在电影创作中，虽然是科幻主题，但多数情况下依然会遵循通过典型化手法反映内在必然性的现实主义的创作方法；而在达尔文第四星球这一科幻题材的创作中，巴洛尽可能回避对环境和生物进行典型性的概括，他排斥了浪漫主义的想象、夸张和抒情等主观因素，以近乎绝对的客观性和单纯去描摹自然，伪装成只是对达尔文第四星球真实状况的中立性记录，并企图以自然规律，特别是生物学规律解释达尔文第四星球的生态系统。

达尔文第四星球中的自然主义设计理念，是巴洛的一种创作策略，他故意抛开我们在艺术创作中的政治、历史、人文主义立场的习惯，进行了一次对自然主义的宏大且智慧的探索和辩护。那么，这些极其怪异的环境和生物的设计，都是如何发展而来的呢？这些设计和多样性是怎么产生的呢？巴洛创作的时候我并不在场，我很难给大家一个满意的答案，但至少我可以去试着猜测一下。

巴洛对于动物运动的速度、鸟类的翅膀、植物根茎的形状、生物的多样性，以及地球上所有自然界的奇妙偶然和机制层面有着超常的理解。他操控着这些物理量的数值，在一个极其微小的数值区间进行设计，才能创造概率性生命存在的可能。他的艺术创作是以一种论证设计的方法展开的，这种创作方法必须是由一位知识渊博、有智慧的艺术家来完成的。他不仅仅是单纯的美术设计，而且是对自然法则和规律的精细化调整，这个虚构世界的本质都是由他创造的。这本书表明，以这种对机制层面的认知作为设计方法是多么有效，整部作品传递给观众的异星世界是如此的精妙绝伦，以至于我们是如此相信它存在的真实性，并为之神往。

科幻文学、科幻美术是科幻电影的根基，科幻电影是人类社会反思和追问我们与宇宙关系的载体。巴洛的幻想艺术极大程度地推动着科幻电影文化的发展，并成为幻想世界创造者们研究的课题。致敬巴洛先生，致敬巴洛先生的艺术，致敬达尔文第四星球上所有的生命！

穆之飞

中国电影美术学会数字艺术专业委员会主任

2023 年 11 月

于北京

致　谢

ACKNOWLEDGMENTS

这本书始终献给我亲爱的女儿凯莉

我要感谢许多人，他们在很多方面都帮助过我。我的父母赛（Sy）和多萝西娅（Dorothea），以及妹妹艾米（Amy）给予了我巨大的支持，他们总是在我绝望的时候悉心倾听。我真的无法再希冀一个比这更完美的家庭了。

我还要衷心感谢我的出版人彼得·沃克曼（Peter Workman），感谢他的远见卓识，感谢他从一开始就相信《远征》。没有他，这本书就不会存在。同样，我对编辑特里·比森（Terry Bisson）的专业技能和洞察力感激不尽。他立刻就抓住了这本书的灵魂。丽莎·霍兰德（Lisa Hollander）和桑迪·考夫曼（Sandy Kaufman），也就是这本书的设计师，也应该得到极大的赞美和感谢，他们为这个项目带来了极富创造性的能量，因此也理应收获极致的赞美和感激。

我还要感谢我的经纪人、作家之家（Writers House）的梅里莉·海菲兹（Merrilee Heifetz），以及杂志《模拟》（*Analog*）[1]的主编斯坦利·施密特博士（Dr. Stanley Schmidt）。斯坦利在许多方面丰富的专业知识对我的帮助是不可估量的，他总是能驱散黑暗，给我带来光明。

最后，要向我们已故的猫咪鲍里斯（Boris）致以爱的敬意，它在漫长的几个月里一直忠心耿耿地陪伴着我。来自动物的优雅和高贵的气质激发着我的灵感，这本书在许多方面都是关于它的。

[1]《模拟科幻小说与事实》（*Analog Science Fiction and Fact*），简称《模拟》，创刊于1930年，是美国最有影响力的科幻杂志之一。

目录

CONTENTS

引言 INTRODUCTION——011

草地和平原地区
THE GRASSLANDS AND PLAINS

雷背兽和回旋奔袭兽 RAYBACK AND GYROSPRINTER——027
草原撞角兽 PRAIRE-RAM——035
箭舌兽和刺背兽 ARROWTOUGUE AND THORNBACK——037
屠夫树和棱跃兽 BUTCHERTREE AND PRISMALOPE——045

森林和周边地区
THE FOREST AND PERIPHERY

树背兽 GROVE-BACK——053
弹射飞棍 FLIPSTICK——061
森林滑兽和咽囊兽 FOREST SLIDER AND GULPER——067
匕腕兽 DAGGERWRIST——075
鳍啮鲷 FINNED SNAPPER——087

阿米巴变形海和沿岸地区
THE AMOEBIC SEA AND LITTORAL ZONE

囊背兽 SAC-BACK——093
帝王海步巨兽 EMPEROR SEA STRIDER——099
海步巨兽和海滨跃兽 SEA STRIDER SKULL AND LITTORALOPE——109
斑纹翼兽 STRIPEWING——117

山脉地区
THE MOUNTAINS

滑骨兽 KEELED SLIDER——123
春翼兽 SPRINGWING——129
囊角兽 BLADEDERHORN——135

苔原地带
THE TUNDRA

北极苔草滑兽和苔原犁兽 ARCTIC SEDGE-SLIDER AND TUNDRA-PLOW——141
叹息兽和木乃伊巢穴飞兽 UNTH AND MUMMY-NEST FLYER——153
冰原爬兽和霜奔兽 ICECRAWLER AND RIMERUNNER——163

空中
THE AIR

飞叉兽和对称兽 SKEWER AND SYMET——173
褶皱漂浮者 RUGOSE FLOATER——179
厄俄斯类人 EOSAPIEN——183

返航 DEPARTURE——193

西皮亚斯高原
PLANUM PYTHEAS
PLANUM HUDSON 赫德森高原
PROMUNTURIUM WE
德威尔岬
MARE AMOEBICUS 阿米巴变形海
PLANITIA BOREAL
北极大
VALLIS BERING 白令谷
德科罗纳多堑沟
FOSSAE de CORONADO
德萨勒峡谷
CHASMA de SALLE
斯蒂芬森山
MONS STEFANSSON
毛奇湖
LACUS MAUCH
普热瓦尔斯基谷
VALLIS PRZEWALSKI
LACUS de ANDRADE
德安德拉德湖
LACUS HEARNE 赫恩湖
恩里克王子交
LABYRINT
PRINCE HE
MONS LEWIS 刘易斯山
GRIMSHAW
格里姆肖
CHURCH 教堂
MONS CLARK 克拉克山
MONS CORTES
科尔特斯山
LABYRINTHUS THOMPSON
汤普森交叉山谷
FUGUM ERIKSON 埃里克森裂隙丘陵
马凯特山
MONS MARQUETTE
皮萨罗山
MONS PIZARRO
华莱士山
MONS WALLACE
MONS JOLIET
乔利埃特山
MONS SPRUCE
斯普鲁斯山
MONS BATES
贝茨山
LACUS MCCARTHY
麦卡锡湖
MONS AUDUBON
奥杜邦山
冯洪堡火山
PATERA von HUMBOLDT
LACUS de SOTO
德索托湖
LACUS HOLLANDER 霍兰德湖
MONS MA
马可波罗
MONS FAWCETT 福赛特山
PATERA ORELLANA
奥雷亚纳火山
MONS de la CONDAMINE 德拉康泰尼山
PROMUNTURIUM MAGELLAN
麦哲伦岬角
LACUS de CHAMPLAIN
德尚普兰湖
PLANITIA AUSTRALIS
澳大利亚平
LACUS MCMURDO
麦克默多湖
威尔克斯湖
LACUS WILKES
CHASMA GUNNBJORN 冈比约恩峡谷
沙克尔顿岬角
PROMUNTURIUM SHACKELTON
CREVASSE AMUNDSEN
阿蒙森冰川裂隙
斯科特冰川裂隙
CREVASSE SCOTT

[2] 作者韦恩·巴洛为达尔文第四星球绘制的地图。他采用“行星体系命名法”，针对星球上的表面特征进行命名，多以“人名 + 地貌”的形式，其中大多人名选用的是历史上的探险家、科学家、电影导演等知名人士。

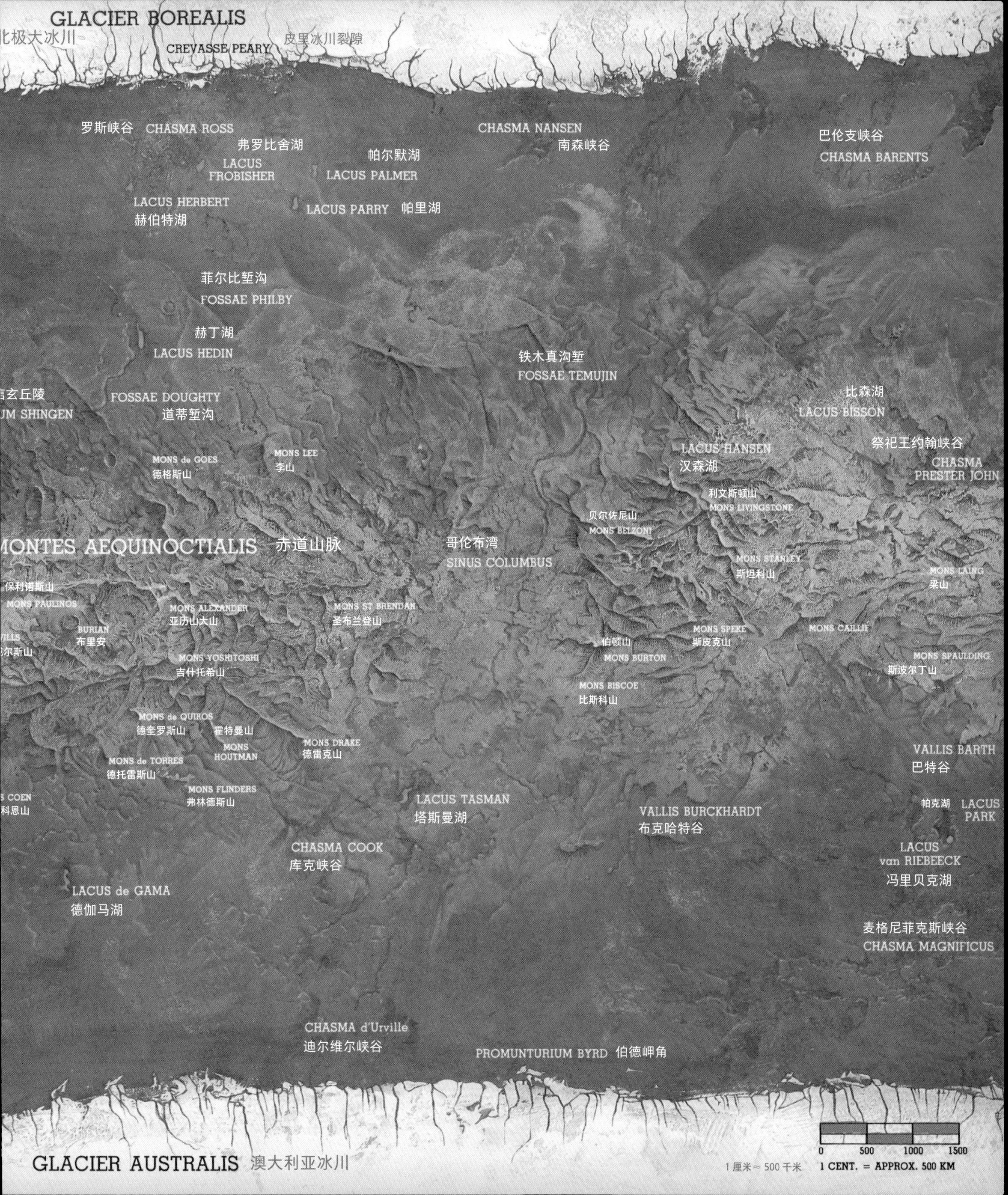

GLACIER BOREALIS 北极大冰川

CREVASSE PEARY 皮里冰川裂隙

罗斯峡谷 CHASMA ROSS

弗罗比舍湖 LACUS FROBISHER

帕尔默湖 LACUS PALMER

CHASMA NANSEN 南森峡谷

巴伦支峡谷 CHASMA BARENTS

LACUS HERBERT 赫伯特湖

LACUS PARRY 帕里湖

菲尔比堑沟 FOSSAE PHILBY

赫丁湖 LACUS HEDIN

铁木真沟堑 FOSSAE TEMUJIN

信玄丘陵 UM SHINGEN

FOSSAE DOUGHTY 道蒂堑沟

比森湖 LACUS BISSON

MONS de GOES 德格斯山

MONS LEE 李山

LACUS HANSEN 汉森湖

祭祀王约翰峡谷 CHASMA PRESTER JOHN

利文斯顿山 MONS LIVINGSTONE

贝尔佐尼山 MONS BELZONI

MONTES AEQUINOCTIALIS 赤道山脉

哥伦布湾 SINUS COLUMBUS

MONS STANLEY 斯坦利山

MONS LAING 梁山

保利诺斯山 MONS PAULINOS

MONS ALEXANDER 亚历山大山

MONS ST BRENDAN 圣布兰登山

BURIAN 布里安

WILLS 尔斯山

MONS SPEKE 斯皮克山

MONS CAILLIE

伯顿山 MONS BURTON

MONS SPAULDING 斯波尔丁山

MONS YOSHITOSHI 吉什托希山

MONS BISCOE 比斯科山

MONS de QUIROS 德奎罗斯山

霍特曼山 MONS HOUTMAN

MONS DRAKE 德雷克山

VALLIS BARTH 巴特谷

MONS de TORRES 德托雷斯山

S COEN 利恩山

MONS FLINDERS 弗林德斯山

LACUS TASMAN 塔斯曼湖

VALLIS BURCKHARDT 布克哈特谷

帕克湖 LACUS PARK

CHASMA COOK 库克峡谷

LACUS van RIEBEECK 冯里贝克湖

LACUS de GAMA 德伽马湖

麦格尼菲克斯峡谷 CHASMA MAGNIFICUS

CHASMA d'Urville 迪尔维尔峡谷

PROMUNTURIUM BYRD 伯德岬角

GLACIER AUSTRALIS 澳大利亚冰川

0 500 1000 1500

1厘米≈500千米

1 CENT. = APPROX. 500 KM

> 这幅伊玛超光速人造卫星图像，拉开了 2355 年对达尔文第四星球第一次探索的序幕。

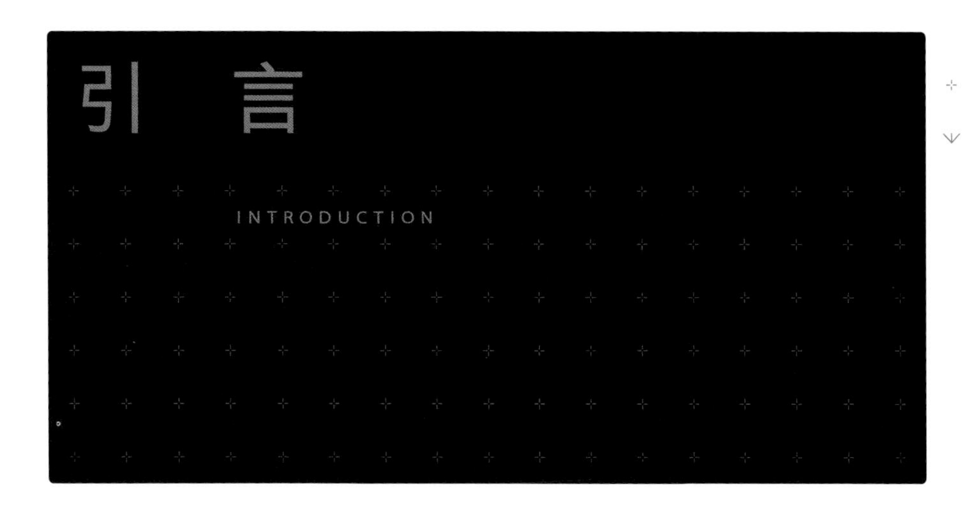

引　言

INTRODUCTION

很多年以前，当我还是个孩子的时候，我的曾祖父会把我放在膝头，给我讲各种奇闻异事，关于那些消失已久的地方和生物。那不是寻常的骑士和龙或是童话王国一类的故事，不，曾祖父的故事是他的曾祖父讲给他听的。那些鲜活的传奇故事，讲述的正是曾经遍布全球、四处游荡的各种生物。

他的故事里有大群优雅的长颈鹿、羚羊和斑马，它们几乎覆盖了整片广阔的平原；还有在海洋深处与巨型鱿鱼搏斗的、巨大无比的、形体像鱼一样的鲸；他还会讲雄壮的大象，它们以温柔和智慧互相关爱，以及其他数百种动物。我全神贯注，即使故事讲完很久以后，那些画面依然会在年幼的我的脑海里挥之不去。故事的结尾总带着点伤感，除了讲故事之外，我的曾祖父时常借此教导我，提醒我故事里所描述的生物在野外已经灭绝，再也回不来了。他的教导在我的心里埋下了一颗种子，当我从一个无忧无虑的男孩成长为一个严肃的成年人时，当我意识到艺术和博物学才是我的毕生所求时，我也开始对导致几乎整个地球动物种群大规模灭绝的冷漠、残忍和自私感到愤慨。

如果对地球的破坏继续下去，它会变成什么样？没人能回答这个问题。众所周知，一百多年前，一个来自遥远星系的仁慈族群向我们伸出了援手。不管是出于对所有生命的慈悲之爱，还是仅仅出于修补破损事物的愿望，伊玛人（Yma）接手了我们这个千疮百孔的世界，并开始教导我们如何修复它。

如今，地球距离“痊愈”还有很长的路要走。不过，根据2231年的《伊玛－人类协议》，伊玛已然创造了奇迹——在上一次雨林战争之后，我们不再管理世界，但是由于破坏的程度太深，生态和气候的改善异常缓慢。化学变异的昆虫宿主与它们的自然祖先相比，体形更大，且更有攻击性，它们在毒气蔓延的城市中爬行、飞掠。这些剧毒的“暗夜之子”是有毒废弃物、落叶剂和酸雨的产物。至于陆生脊椎动物，只有极少数仍然生存在可怜的动物园里，此外再没有比褐鼠（Norway rat）（数量相当丰富）更大的动物存在了。海洋，在遥远的过去被认为拥有无限的资源，最近却已沦为露天的下水道，填满了垃圾和化学废水，被污染成毫无生机的一片死水。天空也是如此，空荡荡且灰蒙蒙的。全球被破坏到这种程度，唯一聊以慰藉的就是，人类可以与如再生父母般的伊玛人一起，并肩而行，穿过那打理不善、被损毁殆尽的花园。

随着达尔文双恒星系统及其六颗行星的发现，那些像我一样热爱自然的不合时宜者心中又迸发出了希望的火苗。伊玛人向这个遥远的星系发射了一个无人探测器，并开始计划在他们的指导

基因突变的地球奶牛，盲眼且无力，坐在动物园展览的山顶上。这些标本是留在地球上的大型动物群的代表，是被污染蹂躏的噩梦的证据。

和主持下进行一次伊玛人—人类联合考察——这是一个让人类自我启蒙和接受再教育的机会。他们组建了一支由探险家、科学家、技术人员和勘测人员组成的综合团队，进行了为期三年的星际探险。我凭借对地球上已灭绝生物的绘制经验，被选为团队中的野生动物艺术家。与探险队里职业的全息制图师和摄影师相比，我将负责描述“对达尔文第四星球及其生命体更主观和更感性的印象”。这个千载难逢的机会让我欢欣雀跃，团队里比我名气大得多的人也是如此，比如泰坦探险队的冈恩秀吉爵士（Sir Hideyoshi Gunn）、登顶奥林帕斯山[3]的奥蒂利亚·斯泰德曼博士（Drs. Otillia Steadman）和凯利·麦卡锡博士（Cayley McCarthy），以及命运多舛的降落大红斑[4]项目的曹显教授（Hsien Cho）。

伊玛人对我们进行了十分严格的筛选，以考量我们是否能在与世隔绝的环境里忍受孤独，并且不会在这次探险活动中对达尔文第四星球的环境造成任何破坏。我们将成为孤独的观察者，驾驶一人座的飞行舱在这个星球上乘风漫游，像一粒风媒植物的种子。伊玛人开发了一套人工智能微型卫星网络，它将覆盖整个达尔文第四星球，以保证所有分散的探险队成员能与三艘巨型轨道母舰保持不间断的联系。这些被称为“轨道之星”（Orbitstar）的母舰将作为探险队的基地、修理和维护中心，以及研究设施。

远征的准备工作于2355年开始。伊玛人将他们指定给人类居住的“轨道之星”母舰（被地球人昵称为“星鱼”）停在轨道上，然后乘坐其余两艘飞船前往达尔文第四星球。一年后，物资和设备装载完成，我们驶离地球轨道，以常规速度开往太阳系的边缘，开始了为期19个月的旅程。这期间，我和探险队成员们在睡眠舱中沉睡着；一穿过冥王星，我们的伊玛人飞行员就启动了主发动机，转眼间我们就穿越了6.5光年来到了达尔文星系。2358年1月6日，我们进入了达尔文第四星球上方的轨道。

从大约39000千米的高度俯瞰，我们即将探索的星球在眼前展现出壮丽的景象：达尔文第四星球的赤道直径为6563千米，

[3] 奥林帕斯山（Olympus Mons）是火星上的盾状火山，太阳系行星中已知最高的山，高于基准面21,229米，是地球珠穆朗玛峰的两倍多。

[4] 大红斑（Great Red Spot）是位于木星赤道以南22°的巨大反气旋风暴（高气压风暴）。根据观测记录，该风暴已持续了上百年。

伊玛人设计的悬浮锥对我们探索达尔文第四星球的各个地带至关重要，它以强大的 Yzar 涡轮风扇发动机为动力，还配备了大量的探测和记录设备。我的悬停架只发生过一次摇晃。

比地球小一些。它的表面主要呈暗赭石色，穿插着稀疏的红色斑纹，两个极冠的轮廓十分清晰。第四星球和它的两颗小卫星在两个天文单位（AU[5]）的距离上围绕着这个 F 级双恒星系统公转，每完成一次公转需要两个地球年的时间。这两颗大小迥异的星球靠得很近，看起来就像只有一颗：这么近的距离几乎完全消除了相距更远的两颗联星会产生的奇特日光效应。在达尔文第四星球，一天有 26.7 小时。

我们团队内的许多人认为，这里大片的开阔草原在远古时期曾是海床，这也是达尔文第四星球上绝大多数动物的家园。星球上的许多物种都进化出了巨大的形体，这一现象被认为是该星球相对较低的重力（仅为地球重力的 6%）和富氧大气的结果。

平原养育了各种各样的动物，从小型的地栖食腐动物到三足食草动物和掠食性双足液化捕食动物，再到巨大的气筛动物，每一种动物都在微妙的生态系统中拥有自己的位置。

[5] AU 是 Astronomical unit 的缩写，为天文学上的长度单位，为地球和太阳之间的平均距离。一个天文单位（AU）为 149,597,870,700 米。

达尔文第四星球最大且最著名的生命体属于另一个生物群落——阿米巴变形海（the Amoebic Sea）。这个名字奇怪的诡异区域被一种胶状的、10 米厚的生物所覆盖，几乎占据了整个星球表面 5% 的面积。事实上，它是已知的最大的单一群落动物。阿米巴变形海是巨大的帝王海步巨兽的家园，从伊玛人探测器传输来的最知名的系列图像中，我们目睹了这种巨大到令人难以置信的生物，漫步在一个异常平滑的平原上。果冻状的海具有减震和分散重量的特性，可能正因如此，海步巨兽发展出了极为庞大的身躯，没有任何已知的生物能在体形上与它们相媲美。

达尔文第四星球的山地区域几乎完全沿着赤道的轨迹分布。虽然不是无法通行，但山区给星球上大规模迁徙的兽群带来了许多麻烦。风暴和大雾每年都会夺走数以千计的生命，因为它们要穿越险峻的、常年被冰雪覆盖的隘口。

由于达尔文第四星球上没有海洋，极地冰盖以古冰川的形式保存着星球上最大存量的水资源。这些冰川随着季节的变换而消退或增长。与火星一样，由于南方冬季漫长，南方的冰盖比北方的更大。

远程音视频吊舱发射器
（不含套件鼓）
REMOTE
VIDEO/AUDIO POD (VAP)
LAUNCHER (MINUS POD DRUM)

太阳能电池
SOLAR CELLS

带梯子的进出舱口
ENTRY/EXIT HATCH
WITH
LADDER PROJECTOR

观察泡
OBSERVATION
BUBBLE

母舰拦截耦合器（磁铁未激活）
MOTHERSHIP ARRESTING COUPLER
(MAGNETS INACTIVE)

可移动天幕
MOVABLE CANOPY

ANTI-COLLISION
HALOGEN-STROBE
BEACON
防爆卤素频闪信标

EXPLOSIVE
BOLTS
爆炸螺栓

MSBIII 型升降式弹射座椅，配有折叠式转向柱和绘图板 / 装备语音激活器的头戴式计算机终端
ELEVATING
MSBIII EJECTION
SEAT WITH FOLD-DOWN
STEERING COLUMN
AND DRAWING BOARD/
COMPUTER TERMINAL
VOICE ACTIVATOR ON
HEAD-REST

带液晶遮光板的
倾斜无眩光玻璃
ANGLED
NON-GLARE
GLASS
WITH LIQUID
CRYSTAL LIGHT
SHUTTERS

显示器、SDI、音频扬声器、
计算机
MONITORS, SDI,
AUDIO SPEAKERS,
COMPUTERS

HUD 导航显示投影仪
HUD NAVIGATIONAL
DISPLAY PROJECTORS

生命支持系统
LIFE SUPPORT
SYSTEMS

际的地板高度
ACTUAL FLOOR LEVEL

远程天线
LONG RANGE ANTENNA

旋转的同步
通信带
REVOLVING SYNCHRONOUS
COMMUNICATIONS BAND

OPTICAL, INFRARED
AND AUDIO SENSOR
SYSTEMS
光学、红外和音频
传感器系统

AIR DATA PROBE 空气数据探测器

旋转式操纵臂环（机械臂可选）
REVOLVING
MANIPULATING-ARM RING
(ARMS OPTIONAL)

TEMPERATURE
PROBE
温度探头

ENGINE
AIR INLET 发动机进气口

EXPEDITION
Darwin IV-2358

NUCLEAR
FUEL
INTAKES
核燃料进气口

VERTICAL
DESCENT
BRAKES (CLOSED)
直下降制动器（关闭）

7

方向控制环
DIRECTIONAL
CONTROL
COLLAR

DANGER

粒子管（关闭）
PARTICLE DUCTS
(CLOSED)

次控制喷嘴（内凹）
SECONDARY
CONTROL
NOZZLES
(RECESSED)

主旋转喷嘴
MAIN
PIVOTING
NOZZLE

UPON PLANETFALL

在“轨道之星”上，各有 17 个观察舱和一个救援舱

FNE 停泊港对接球中的一个

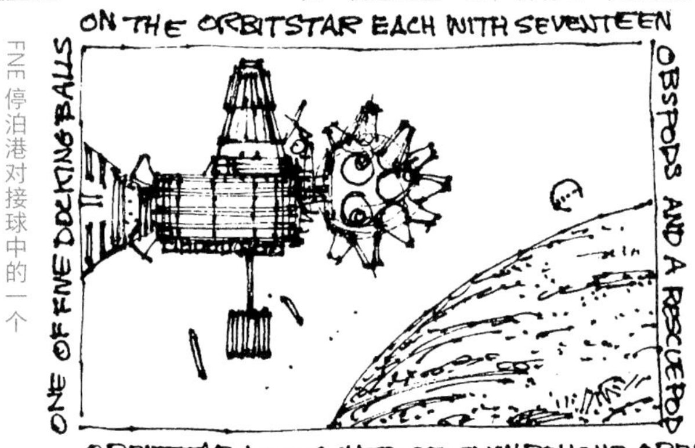

ON THE ORBITSTAR EACH WITH SEVENTEEN
OBSPODS AND A RESCUEPOD
ONE OF FNE DOCKING BALLS
ORBITSTAR LOCKS INTO GEOSYCHRONOUS ORBIT UPON ARRIVAL AT DARWIN IV. COMMUNICATIONS SATELLITES AND FUEL PODS ARE LAUNCHED.

“轨道之星”在到达达尔文第四星球时锁定在同步轨道上。通信卫星和燃料舱已经发射完毕。

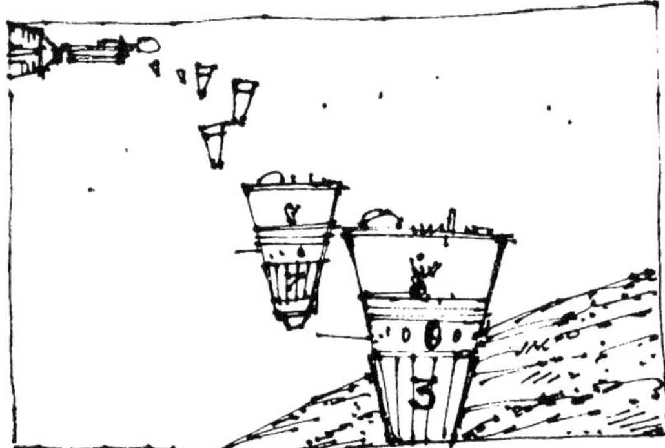

MK. IVA OBSPODS ARE DEPLOYED. CERAMIC PROTECTIVE SHEATHS CAP MAIN NOZZLES AS HOVERCONES ENTER UPPER ATMOSPHERE. ENTRY TAKES UP TO 24 HOURS

马克 IVA 型悬浮锥观察舱部署完毕，当悬浮锥进入高层大气时，陶瓷保护套将覆盖主喷嘴，进入时间长达 24 小时。

CERAMIC SHEATH IS BLOWN AWAY AS SLOW DESCENT IS CHECKED.

当缓速下降受阻时，陶瓷保护套将会剥离。

我们的首席植物学家多萝西娅·凯博士（Dr. Dorothea Kay）推测，达尔文第四星球曾经是一个比现在更温暖、更潮湿的星球，散落在整个平原上的大量树桩化石就是证据。如今，袖珍森林只占达尔文第四星球表面植被的 5%，可即便如此，它们还是给探险队带来了很大挑战：虬枝盘曲粗大的巨型斑皮树（Plaque-bark tree）被茂密的灌木丛包围着，探测队根本无法乘坐气垫车穿越森林。我们沿着断断续续的小溪深入森林几百米，但是更多时候，只能利用仪器绕行探测。

鉴于伊玛“超级战车”近乎完美的性能，我决定在介绍它时多美言几句。马克 IVA 型悬浮锥观察舱（Mark IVA Obspod）是由伊玛工程师在大约 20 年前为人类飞行员量身打造的，它的传感器可以增强和提高人类的感官。每周一次重置、加油并与“轨道之星”保持紧密联系，让我得以在舱内恒定舒适的环境里漫游达尔文第四星球。当我坐在 MSB-III 型通用座椅上时，只需动动手指，控制器和显示器就尽在掌握。透过

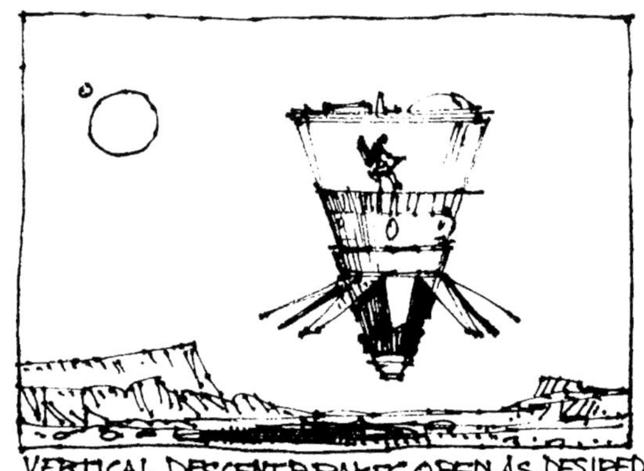

VERTICAL DESCENT BRAKES OPEN AS DESIRED ALTITUDE IS ACHIEVED. EXPLORATION BEGINS.

当垂直下降到所需高度时，就会启动刹车——探索开始。

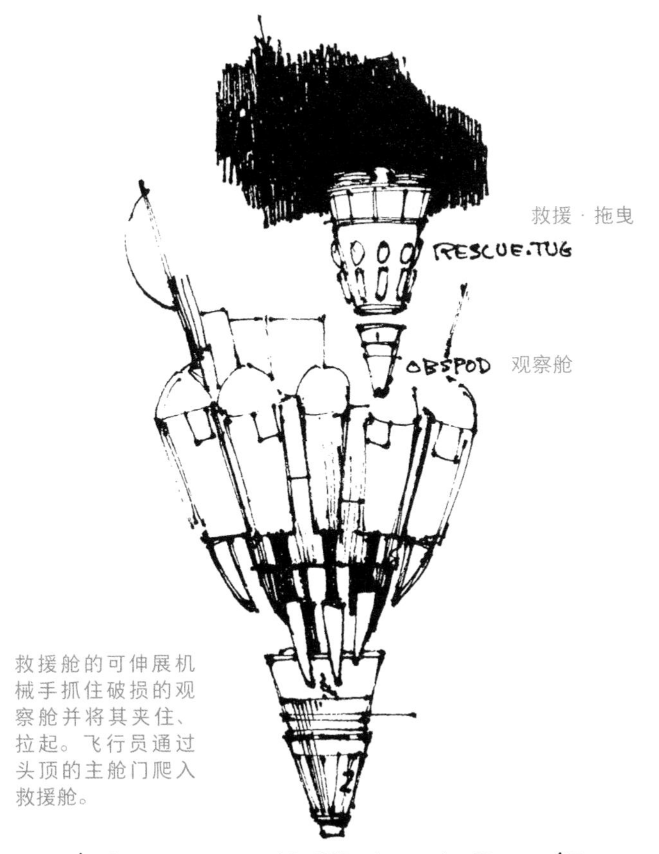
RESCUE.TUG
OBSPOD
EXTENSIBLE GRIPPERS OF RESCUE-POD GRASP CRIPPLED OBSPOD AND DRAW IT UP WHERE IT IS CLAMPED IN PLACE. PILOT CLIMBS UP INTO RESCUE-POD VIA OVERHEAD MAIN HATCH.

救援 · 拖曳

观察舱

救援舱的可伸展机械手抓住破损的观察舱并将其夹住、拉起。飞行员通过头顶的主舱门爬入救援舱。

360° 的玻璃舱盖向外望，我的所见所闻是普通人类无法想象的。大量的图像和信息会投映在液晶增强的玻璃面板上，向我展示导航信息和放大的红外图像。音频系统不仅可以为我的安静时光提供莫扎特的音乐，还可以放大超声波或过滤掉不相干的杂音。悬浮锥除了自带的功能外，还配备有一组远程的飞行音视频吊舱（VAP），我可以通过它同时朝四个不同的方向进行探索。总而言之，我很难想象还有比陶瓷和钛合金制成的悬浮锥观察舱更坚固、更多功能的飞船。

达尔文第四星球的植被差异化程度比地球在被人类污染之前的差异化程度要小。多肉类植物是当前该星球上最主要的种类。干旱的平原上长满了厚厚的管状草（Tube-grass），这是一种粗壮的、铅笔粗细的多肉植物，生长速度惊人。这种管状草与它的近亲——饲料球草（Fodderball weed）和囊袋芦苇（Bladder reed）是平原食草动物的食物，为它们提供了必要的水分来源。从某种意义上来说，多汁多肉的稀树草原是达尔文第四星球最接近真正的海洋的地方，因为被锁在植物中的水分极为充足。

只有在接近山区或森林时，多肉植物才会让位给其他植物。由棍子草（Stickbush）、耳语草（Whisperbush）和榴弹藤（Grenade vine）组成的难以穿越的灌木丛及其会爆炸的花粉囊，构成了这些地区的主要景观。这些植物反过来又让位于高大的斑皮树，它是达尔文第四星球上的植物之王，也是这个星球上有限的林地中的主要的树种。

亚极地区的植物群落受限于严苛的自然环境。类似地衣的低矮匍匐植物覆盖在几乎冰冻的土壤上，形成一层灰绿色的套子，蜘蛛状的蓝鞭草（Whipweed）和开着小花的波拉朵（Polardot）点缀其中。这是一个非常脆弱的生物群落。

除了地表植物外，达尔文第四星球上似乎飘散着无数极小的气生植物，它们是草食性气筛生物的主要食物。这些气生植物与对应的生物——丰富多样的微蝇一起，有时会使天空变得昏暗。

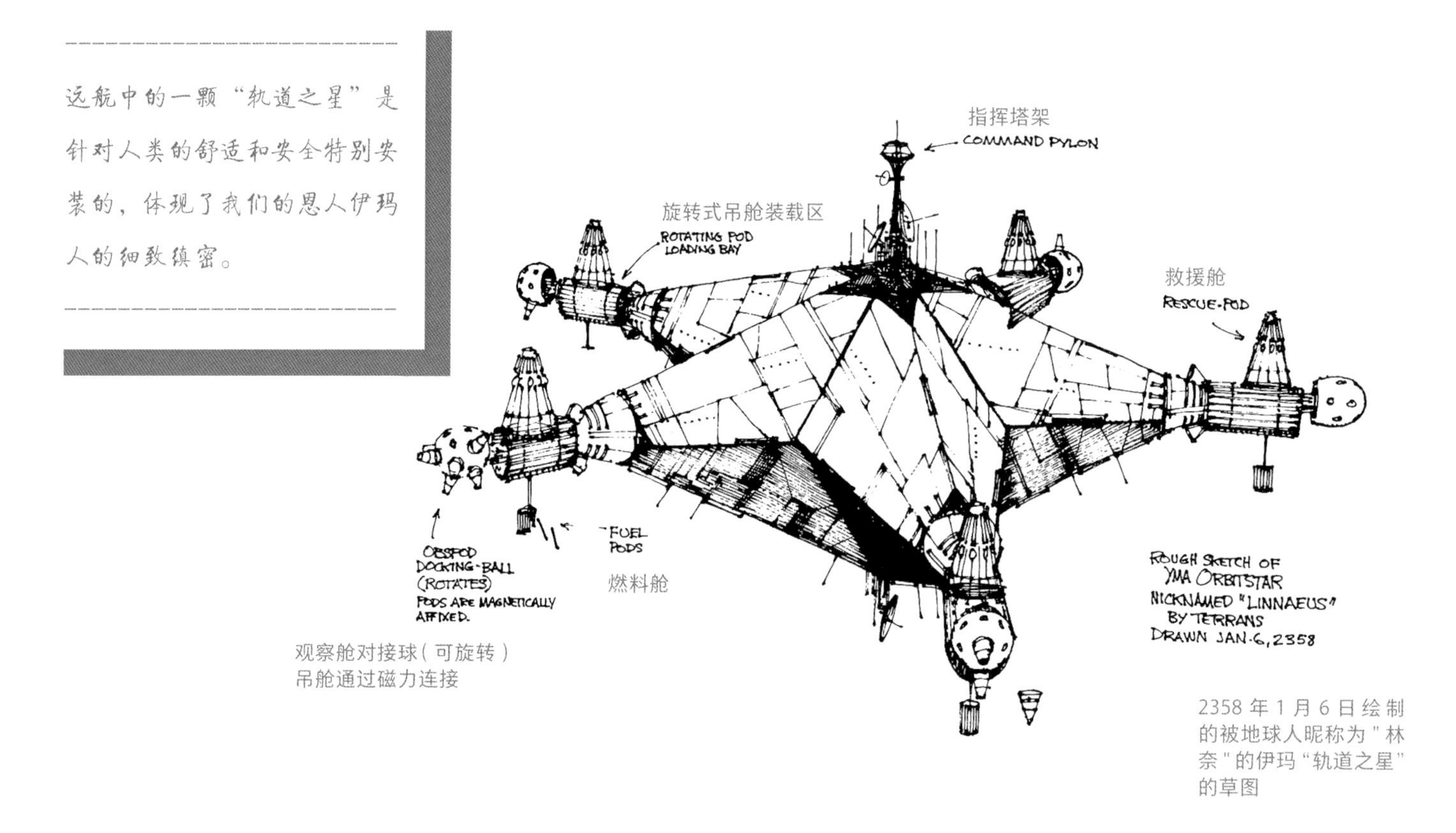

2358 年 1 月 6 日绘制的被地球人昵称为 " 林奈 " 的伊玛“轨道之星”的草图

在这里，脊椎动物的形态与地球上的同类动物有很大不同。达尔文第四星球的大多数大型“常驻民”基本属于这五类动物：漂浮者和飞行者（没有真正的运动肢）、单足动物（有一个强大的弹跳反射肢）、双足动物（两腿的游标动物）、三足动物（三腿的游标动物）和四足动物。游标动物擅长在地面敏捷地奔袭，单足动物擅长跳跃。在某些情况下，如大多数气筛动物，后肢已退化成滑橇，以支撑更大的重量。类似于地球上曾有的鸟类，其身体重量通常由空心薄壁的骨结构来支撑。这种较轻的结构在达尔文第四星球的大型动物中占主导地位，使大型捕食者能够快速地掌控身体和奔跑。例如，一些雷鸟的速度几乎可以达到 50 千米 / 时，达尔文第四星球动物中最快的回旋奔袭兽甚至能达到 90 千米 / 时。

在食物的收集和摄取上，特别是对于食肉动物来说，达尔文第四星球上的动物与地球上的同类动物有很大的不同。液化捕食动物将消化液分泌到它们的猎物（活的或死的）体内，这样的进食方式比比皆是。它们没有强大的、带有獠牙的下颚，取而代之的是一条条手术刀般锋利的、可自由伸缩的舌头，每条舌头都像是某个军械师精心设计过的，它们可以刺穿特定的皮肤或骨质盔甲。这些致命的舌头在发达的助力肌肉的引导下，可以以惊人的速度完全刺穿中等体形的动物，并且在击中猎物的同时注入具有麻痹效果的消化液。猎物的肌体会被消化液分解，随后通过捕猎者的舌头被吸走，而实际的进食过程甚至会在猎物还活着的时候就开始了。

与地球上的远古动物群相比，整个达尔文第四星球上的动物最显著的特点是：没有真正的眼睛。它们没有感光器官，经过漫长的进化选择，这些功能已经被声呐和红外功能取代了。

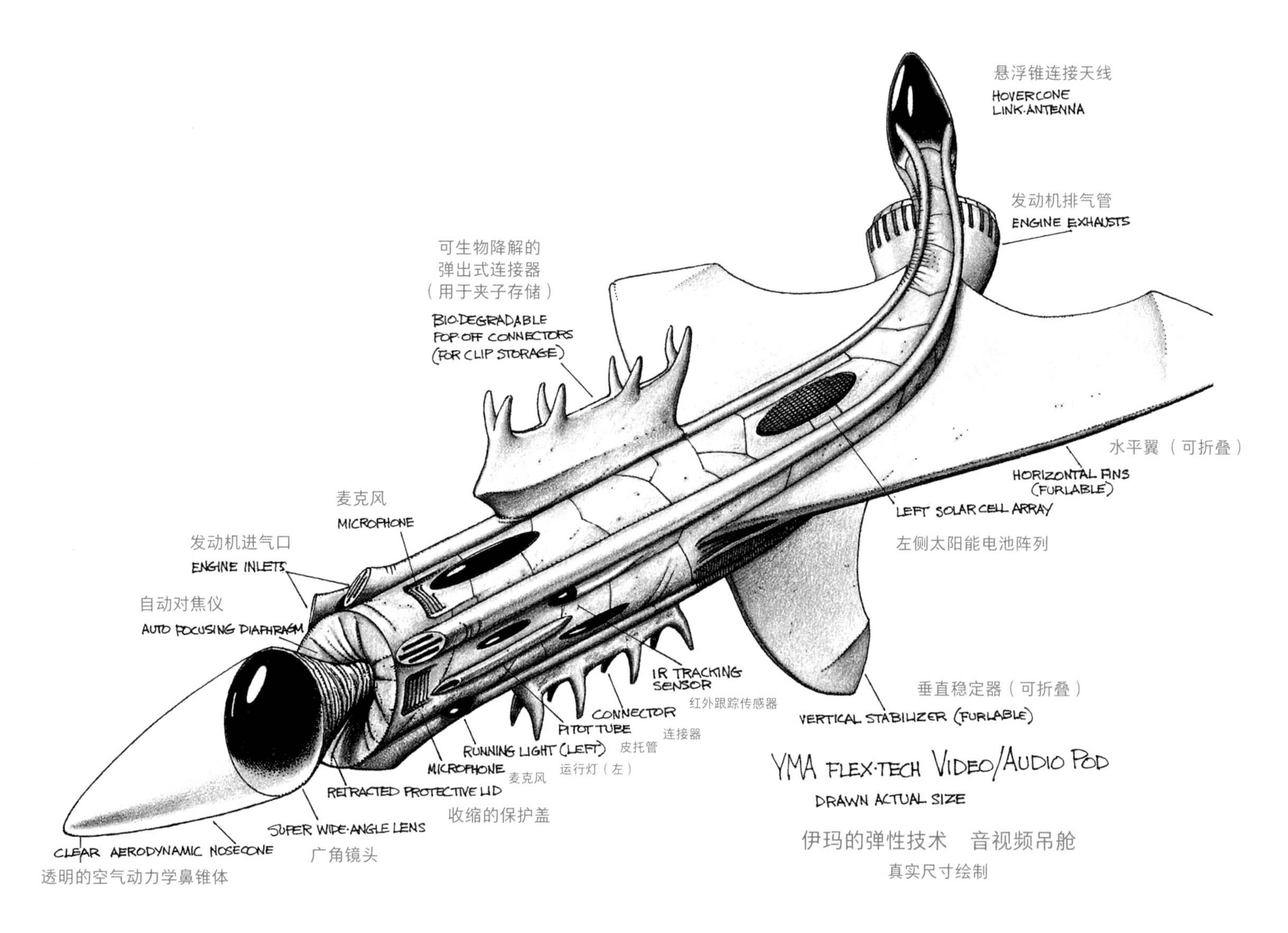

YMA FLEX·TECH VIDEO/AUDIO POD
DRAWN ACTUAL SIZE

伊玛的弹性技术　音视频吊舱
真实尺寸绘制

在大多数情况下，这些感知会由一个位于体侧的精密线性系统加以强化，该系统由敏感的皮下压力感受器组成，与许多微小的红外感受器凹槽结合在一起，可以测量周围环境和与其他生物的距离。除了这个有点难以辨别的受体系统以外，达尔文第四星球的生物还拥有生物光，即在红外传感器看来相当活跃的热辐射生物光点。这些光线阵列（可能有助于识别族群成员或敌人）在求偶期间特别重要，此时交配双方的生物光会发生微妙的颜色变化或是一下子通体变亮，我们称为“闪燃”。这种交配信号可以吸引远在10千米之外的配偶。

达尔文第四星球的生物是通过温度来分辨白天和黑夜的，而非可见光。因此，它们的活动建立在温度变化的基础上，明暗对它们来说无关紧要。它们通过新陈代谢活动和脂肪保温层来调节体温，在达尔文第四星球的温和的气候中，动物已经不再需要毛皮了。事实上，这颗行星上的动物是否有过毛皮都值得怀疑，因为这些动物身上发射声呐和感应热量的器官是不能被毛皮覆盖的。

达尔文第四星球上所有的动物都有声呐发射器官，尽管其大小和样式各不相同，但基本结构类似——一个充满浓稠液体

的大额腔，用于聚焦由类似喉部的复杂器官产生的超声波。由于声呐的频率极高，伴随而来的问题就是传播距离较短，因此达尔文第四星球上的生物不得不使用固定的频段进行沟通。对能够感知到这些信号的人而言，这个星球是一个相当嘈杂的地方。我们人类的身体天生就没有这样的能力，但借助悬浮锥中的放大器，我可以“听到”周围生物的声音。

探险队猜测，这些演化出如此强大感知器官的生物恰恰证明，在达尔文第四星球的原始浓雾中，那些仅具备基本感光能力的动物是如何为了生存和统治地位而苦苦挣扎。如今大雾散去，但是那些具有视觉能力的动物也随之消失了。

除了背囊兽（Sac-backs）是个典型例外，大多数高等生物都是雌雄同体的，交配行为可以使双方同时受孕。交配者的生殖器都是相同的：一个水平地挂在身后的长长的悬吊管。在交配过程中，这些肉质的管子会展开约一半并互相抱合。纤细的沟槽或通道将精子 / 卵子的混合物来回传递，根据物种的不同，混合时间可长达 10 分钟。交合是以背对背的姿势完成的，有人认为，这种姿势有利于共同防御。我和我的同事们看到，许多交配中的动物在击退攻击者的同时，交配行为仍在继续。

掠食动物中的叉首兽（Pronghead）是一种典型的达尔文双足动物。它肌肉发达，非常敏捷，有能力独自或成群追捕大型猎物。

对称兽（Symet）身体的前后对称性通常使捕食者感到困惑，许多捕食者以高速俯冲的方式攻击它，但是这种对称的体形使捕食者直到最后一秒才知道该生物的运动方向。

达尔文第四星球的高等生物不是哺乳动物。尽管它们大部分都是恒温动物，但它们并不哺育自己的幼崽。有些幼崽是胎生的，如匕腕兽（Daggerwrist）和背囊兽；还有一些是从产在地下的卵中孵化出来的，如树背兽（Grove-back）和滑骨兽（Keeled Slider）。幼崽出生后是否能得到及时的照顾和受关注的程度，在不同物种间存在很大差异。一般来说，卵生的幼崽属于早熟类，也就是说，可以自食其力；而活体出生的幼崽属于晚熟类，需要照顾。这条规则也存在例外，例如抚育后代的滑骨兽，它的卵生晚熟幼崽就要在父母身边生活大约两年，需要操很多心。也存在一些奇异的交叉现象，比如帝王海步巨兽（Emperor Sea Strider）及其幼兽（Lesser Sea Strider），这些庞然大物的卵被扔在“海体”波涛起伏的海面上，然后一直待在那里直到被孵化。从卵中出来后，幼崽必须设法回到父母身边，直到它们完全独立。

在达尔文第四星球的各种野生动物中，最引人注目的无疑是漂浮者（Floater）。它们不断唤起我们所有人，包括伊玛人和人类对异世界的感知。这些宏伟的兽类身形巨大、有鳍，体表覆盖着呼吸浮囊，它们组建成庞大的航队，在空中游弋，慵懒地滑行在温暖的微风中。它们通过某种形式的有机电解，利用大气中的水蒸气制造氢气。这些飘浮生物不停地飘游，只有在捕食时才会下降到地面。我经常在夜里看到它们美丽的生物灯阵列在头顶上静静地漂移。它们是奇异的、平和的、充满诗意的生物，优雅而空灵。

我们的考察队伍对达尔文第四星球的探访持续了大约三个地球年。在那段时间里，我不断地旅行，漫游了这颗星球相当面积的土地。但我总觉得，这个星球向我们展示的秘密不过是冰山一角。最终，我们的补给消耗殆尽，于 2361 年 3 月 24 日离开了达尔文第四星球。

我们都沉浸在各自的回忆中，从“轨道之星”的窗口远眺这颗小小的赭色星球逐渐缩小成一个光点。从许多层面来说，

达尔文第四星球的液化捕食动物很少有真正的下颚。由于它们利用声呐定位，没有一个拥有眼睛。对螺舌兽（Bolt-tongue）的近距离研究，显示了它的前部感觉器官和舌鞘从远处看就像一颗长了眼睛的头，很是吓人。

我们的考察已经成功地实现了目标，其中最重要的是，我们在离开达尔文第四星球的时候，它依然是我们初见时的模样：野性、美丽，未曾改变。自我们返航后，整个达尔文星系被列为禁区，由伊玛机器人无人机持续巡逻。

我们重返地球已经五年了。从那时起，我便一直在我的工作室里努力工作。达尔文第四星球及其生物的草图和纪念品成排摆放在工作室里，把这里变成了一个名副其实的“圣地”。外面，地球正在试图清理自己身上的污垢，而我埋首在自己的避难所里，殚精竭虑地抉择着最能呈现达尔文第四星球——那个更健康的星球的图像。伊玛人正在考虑进行第二次星际远航，这一次的规模可能更大，我希望能为推进这一目标助力。出于这个目的，我把这些实地研究的成果和图画贡献出来分享给大家，内容仅限于体形较大、较引人注目的达尔文第四星球动物，希望它们能让读者你感到是和我一起参与了这次前往达尔文第四星球的航行。我希望有朝一日你也能加入我们……

韦恩 · 巴洛

纽约市，2367 年

> 图 1：刺背兽们（Thornback）在尖顶葫芦（Steeple-gourd）的阴影下吃草。

草地和平原地区

THE GRASSLANDS AND PLAINS

雷背兽和回旋奔袭兽

RAYBACK AND GYROSPRINTER

2358 年 1 月 11 日，第一批达尔文探险队向星球表面发射了 180 台悬浮锥观察舱。我们一致认为这次远航应该从这个星球上最容易识别方位的区域开始——也就是大草原或平原地区。

我们的降落堪称教科书级别。降落到北极大平原（Planitia Borealis）后，我急不可耐地进行了系统检查并接入“轨道之星”。在等待最终放行许可时，我凝视着周围的世界：这是一个美丽的下午，湛蓝的天空点缀着羽毛状的卷云，微风吹拂着一望无际的、橡胶般的褐色草地。我在距离地面约三十米的上空盘旋，紧张地操纵着导航控制器，这时，我的许可传递过来了。有了这个最终放行许可，我试探性地在导航电脑上输入了一个随机的路线，然后靠后坐着，开始在草原上平稳地向前移动。

无论在悬浮锥模拟飞行器里如何预演，也无法模拟出第一次真正航行时的激动。事实上，这种欢欣雀跃的心情在不同程度上贯穿了我逗留达尔文第四星球的大部分时间，但唯有第一天的欣喜若狂是最强烈的。行进在一个新世界里，这样的奇迹深深吸引着我。

> 图 2：“这是我所见过的最怪异的生物。”

达尔文第四星球的大多数掠食者在选择猎物时都术业有专攻，且具有高度的选择性，但脾气火暴的雷背兽会去追逐任何移动的物体，比如这里的锤头草地翼兽（Hammer-headed Veldtwing）。我遇到的第一头雷背兽就反复攻击了我的悬浮锥。

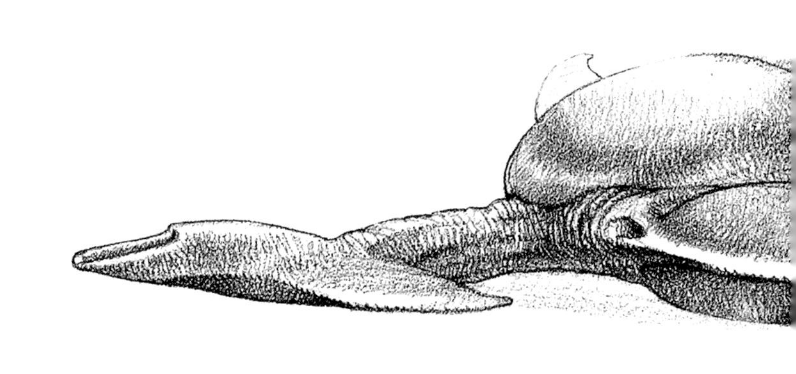

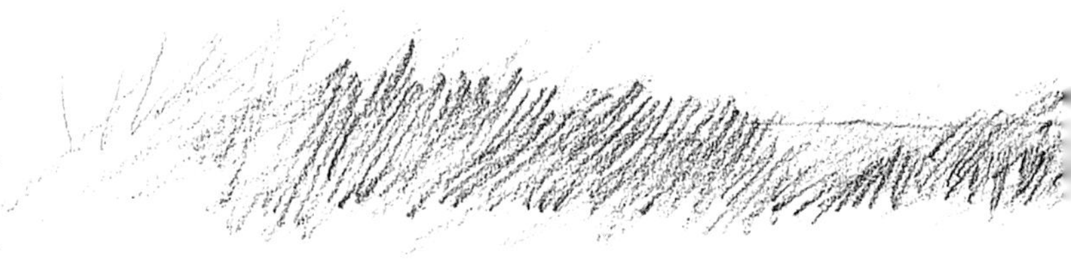

近一个小时过去了，我穿越了大约 60 千米的波形草地和干燥平地。一条黑线勾勒出远处崎岖的山麓丘陵和一连串低矮的台地，我将其设定为我的第一个目的地。继续深入 10 千米，我发现了第一个达尔文第四星球上的“居民”。

它就是我们所说的雷背兽（Rayback），当我靠近它时，它正蹲在地上，离地面很近。在我距它不到 50 米的时候，这个生物站了起来，开始向我所要去的山丘方向走去。我大喜过望，这是我所见过的最怪异的生物。它是一个皮包骨头的两足生物，宽阔的背上伸出四根细长的刺。最有趣的是，它的三角形脑袋上似乎没有眼睛。那么它是如何感知周围环境的呢？

很明显，它确实察觉到了我的存在。在我贸然靠近时，雷背兽加快了步伐，奔跑起来，它跃过宽阔的沟壑，轻松地穿过茂密的草地。当我后退时，这只生物没有减速，反而停了下来。在“跟踪”雷背兽的过程中，我草率地将高度下降到距离地面约 5 米的位置，在没有任何预兆的情况下，这只生物转身径直向我跑来。我摸向控制台，却按错了键，一下子就与这只被激怒的生物面对面了。慌乱中，我终于找到并按对了键。一瞬间，我升到了空中。那头雷背兽被我的悬浮锥喷管中喷出的气流冲倒了，伸开四肢趴在草地上。这个没有眼睛的生物是如何感觉到我的存在的？从 80 米的上空俯视，它瞬间就成了草海中一个愤怒的小黑点。

我检查了一下上升情况，略感懊恼，于是又下降到了大约 10 米的高度。我原以为这位脾气火暴的达尔文星伙伴可以接受这个距离，但情况并非如此。它又一次冲了上来，我只能再次把悬浮锥升上高空。我们就这样来回拉扯了几次，直到它接受了我们之间的距离——31 米。

事实证明，第一次相遇的意义非比寻常。到目前为止，达尔文第四星球上的大多数生物对我们的出现都毫无觉察（或者说是无动于衷），我们并未干扰到它们的日常生活。可即便如此，

我在后续的行动中也会更加谨慎。

继续观察雷背兽时，我从它的步伐中意识到，它有了新的目标。我想知道是什么引起了它的注意——以及是通过怎样的方式引起的。为了揭晓这一答案，我打开了舱内扬声器，它与悬浮锥的外部麦克风相连接，立刻，我收到了一连串尖锐的信号声，这个回应信号显然来自雷背兽。

它使用的是声呐！

到目前为止，它的速度已经达到了惊人的每小时 45 千米，凭借强大的弹跳力，它在当前的地形中穿梭自如。从我的高度俯瞰，只能勉强看清在距离大约 400 米处有一个小小的身影在高草丛中奔跑。在冲出草丛进入一片平坦的地面时，它再次加快了速度，我意识到，无论如何都追不上它了。

这场追逐，伴随着不间断的声呐信号，覆盖了近 5 千米的范围，两只动物都在大转弯处打转，在岩石和洼地上跳跃。尽管我测得雷背兽的速度为 48 千米 / 时，但目标猎物的速度几乎

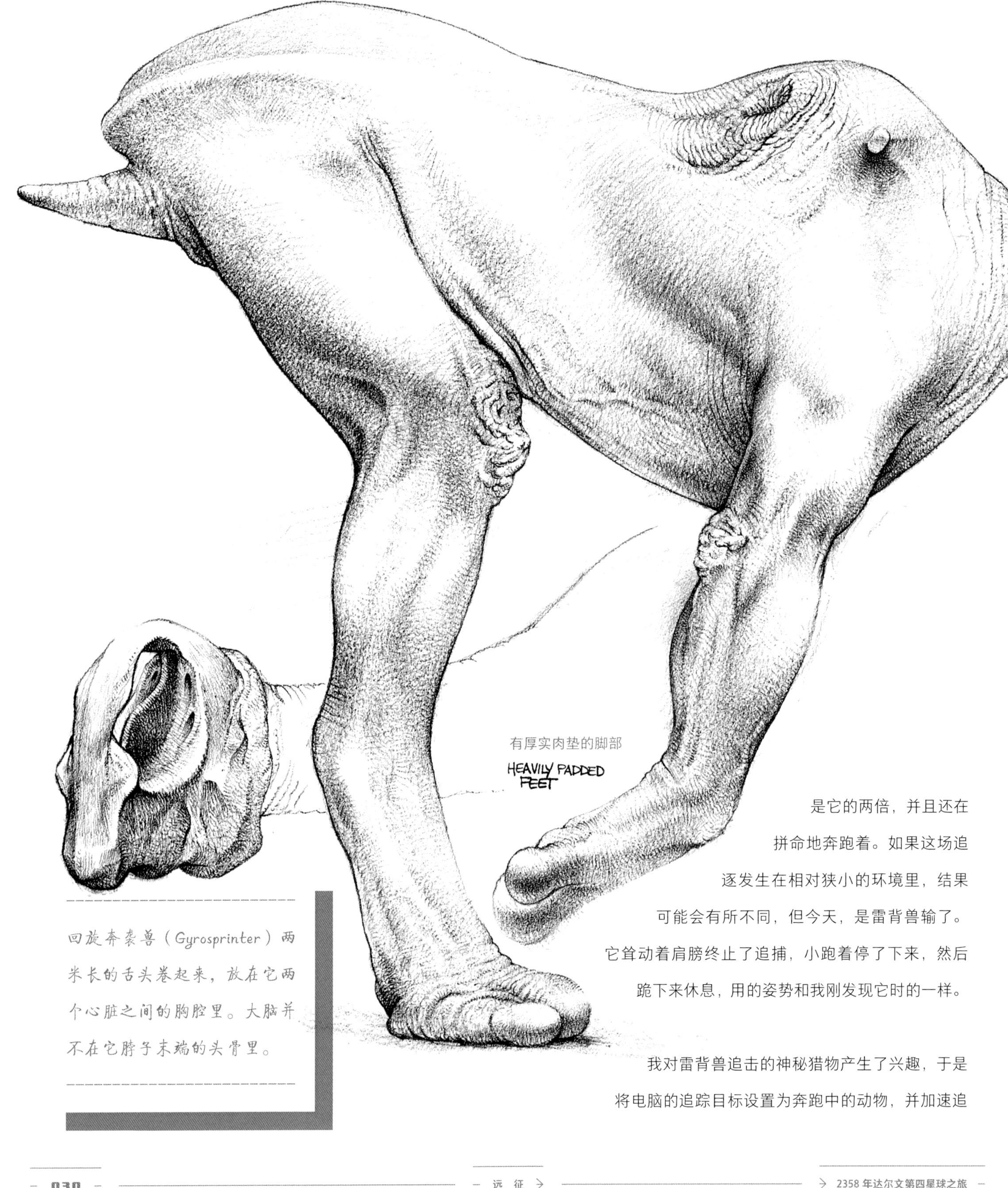

回旋奔袭兽（Gyrosprinter）两米长的舌头卷起来，放在它两个心脏之间的胸腔里。大脑并不在它脖子末端的头骨里。

是它的两倍，并且还在拼命地奔跑着。如果这场追逐发生在相对狭小的环境里，结果可能会有所不同，但今天，是雷背兽输了。它耸动着肩膀终止了追捕，小跑着停了下来，然后跪下来休息，用的姿势和我刚发现它时的一样。

我对雷背兽追击的神秘猎物产生了兴趣，于是将电脑的追踪目标设置为奔跑中的动物，并加速追

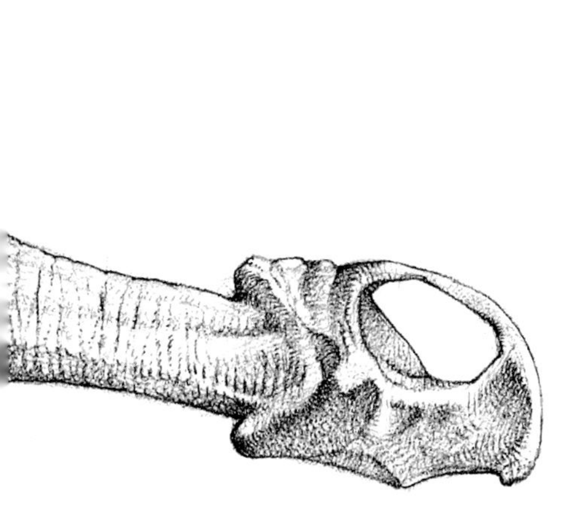

赶。那头由 13 吨重的骨头、肌肉和软骨组成的饥饿的雷背兽追不到的猎物，被我坐在悬浮锥中舒舒服服地吹着空调就追到了。悬浮锥如离弦的箭一样冲出去，涡流风扇呼呼作响，草地在我脚下模糊成了褐色的一片，几分钟后，计算机的采集铃声响起。

追上那只奔跑的动物之后，我放慢了速度以配合它的脚步。它和雷背兽一样巨大，外形一样奇怪。光秃秃的身体上闪烁着点点生物光。两个大鼻孔长在后背上，一个不成比例的小脑袋在细长、有力的脖子末端微微晃动着。它的两条腿肌肉发达，从腿上关节的形状来看，这种动物在很久以前可能有四条腿。

它的腿有节奏地伸屈、舒展，运动起来像是一块松弛弹软的橡胶。这种动物灵活的身体凸显出动作的流畅性，伸展的脊柱有时看上去几乎与肩关节和髋关节分离开来，这就进一步拉长了它的步幅，我估计它的步幅能达到惊人的 15 米。显然，这只动物是为速度而生的。

它还有一个非常奇怪的特征。在它的脖子上方和后面有一对柱状器官，无论这只动物与地面的位置如何，它们始终保持绝对水平。据我推断，这应该是个平衡器官，对这种靠腿生存的双足动物而言，肯定是至关重要的必需品。它们太过引人注目，以致我擅自将这种动物命名为回旋奔袭兽（Gyrosprinter），这是我在达尔文第四星球上遇到的第二种动物。

它横冲直撞，对我的靠近视而不见，只是一心想要尽可能地拉开与雷背兽的距离。我花了一刻钟的时间跟随回旋奔袭兽穿越平原，直到最后，它像雷背兽一样放慢了速度，在草地上休息。我停下悬浮锥，拿出画板和珍藏的古董铅笔，开始写生。回旋奔袭兽是个非常好的“模特”，在一个小时的时间里几乎一动不动。在完成了几张这只动物的科学速写图后，我决定留它安静地待在那里，扭头去找那几只被它甩在身后的倒霉捕食者。

我发现雷背兽还在我离开它的那地方左右徘徊。我能感觉到它的情绪非常低落，因此不由自主地同情起它来。它沿着干涸的河床逡巡，有一搭没一搭地发出信号。但其实我错得简直不能再错了。突然，我看到了它的兴之所在。这头捕食者正在跟踪另一头回旋奔袭兽，我没有注意到它隐匿在高草丛中。现在，抱着对猎物的同情，我突然有一种冲动，想提醒那头回旋奔袭兽注意眼前的危险。但我控制住了自己，因为在这个星球上，我不可以干预它们的生活。

这场杀戮以令人炫目的速度结束了。雷背兽向前跃起，而回旋奔袭兽反应太慢。接下来是一场短暂的百米冲刺。最终，雷背兽用它短小如刀的长鼻在猎物身上划出一个巨大的、恐怖的创口。如今，回旋奔袭兽拖着它的内脏，在一片尘埃中倒下了。胜利的雷背兽小跑着来到它身边，蹲下身子开始进食。由于角度问题，我无法看到它是如何进行的，但随后我发现，这头液化捕食动物是将舌头插入了猎物的身体深处。

坚持不懈的努力让饥饿的雷背兽得到了回报，直到后来我才明白，对达尔文第四星球的捕食者来说，狩猎一整天却一无所获是非常罕见的。就在我为这场盛宴写生的同时，我自己也得到了艺术上的升华。

就这样，我在达尔文第四星球的第一天结束了。

图 3："很明显，这只动物是为速度而生的。"

草原撞角兽

PRAIRIE-RAM

力大无比的液化捕食动物——草原撞角兽（Prairie-ram），是北极大平原上（Planitia Borealis）比较常见的捕食者之一。草原撞角兽的猎物总是死于胸口被刺穿，这种方法能让饥饿的杀手迅速进入猎物体内进食。这种动物过于生猛，我们已经观察到多头撞角兽的头部嵌在猎物鲜血淋漓的内脏里，并且带着被刺穿的猎物在平原上行走好几千米。

不过，有一天晚上，我偶然路过一副骨架，却深刻见识到了这种杀戮技术的另一层残酷之处。一头撞角兽的头颅扎进猎物的肋骨中，牢牢地卡在由肋骨和脊椎骨共同构建的内部迷宫里，它无法挣脱，甚至可能卡在里面直到永久。

图 4：无处不在的草原撞角兽。

箭舌兽和刺背兽

ARROWTOUGUE AND THORNBACK

一个深秋的下午，我把悬浮锥停在德萨勒峡谷（Chasma de Salle）的一段干涸的河床上，那河床在平原上呈现出一道道似有若无的 U 形轨迹。我在距离岩石地面 20 米的上空盘旋，默默体味着突如其来的孤寂。看着原本淡蓝色的天空渐渐染上粉色变成一片深蓝色时，我真希望我的妻子、孩子能和我一起分享这一刻的瑰丽画卷。

在我身下，植物覆盖的诸多山顶拉长了影子，渐渐融为一体，随着光线的渐趋昏暗，那些散布的植物群落却显得更加明亮了。很快，我周围的世界就沐浴在一片蓝色的日暮中。远处的兽群仿佛是一块被割裂的地毯，闪烁着粉色和蓝色的亮光，而在我的身旁，华丽的喷射镖鲈兽（Rainbow Jetdarter）快速穿梭在树叶间，一小坨一小坨地闪烁着，聚集在一起围起食腐大餐。这些景象的确很美，唤醒了我内心的渴望，我是如此迫切地想要与我所爱的人分享这些美景。就连观察舱外传来的声音也会让我感到沮丧。从扬声器中，我可以听到微风悲哀的叹息，这加剧了我的孤独感。

图 5：“在我看来，它和我在达尔文第四星球上看到的其他捕食者一样致命，一样具有威胁性。”

很奇怪，看到我周围食草生物的数量，我感觉到自己被孤立了。在离我盘旋的地方不超过600米的地方，至少有两个主要的兽群在打转和捕食，每群都由大约100只动物组成。由5头小型三足刺背兽组成的兽群已经脱离了大部队，正在尘土飞扬的峡谷周围徘徊。据我猜测，它们是在寻找一种圆滚滚的多肉植物，那是它们最常食用的。这种植物在平原上很常见，我们的植物学家将其命名为饲料草球（fodderball weeds），由从中心轴上伸展出的枝条纤细但富含水分，交织成球状。轻巧的结构使它们随风而动，微风能将它们带到地面上很远的地方。我甚至看到过饲料草球在空中飞行，尽管它们既不会飞得很远，又不会飞得很高。

在西边几千米处，一个电生植物群落闪烁着微型闪电。这反过来又触发了邻近的红色茎状植物，它们互相感应发射电荷，在地平线上引起了生动的连锁反应。这些植物被赋予了独特的能力，即通过强烈放电来保护自己，其强度往往足以杀死一些小型动物。在这令人眼花缭乱的电光中，我注意到一小团尘埃升到空中。几乎同时，我听到了不知隐匿在何处的刺背兽发出了警告信息，我很快意识到了它们的危险。在那团移动的尘雾中，我差一点就漏掉了那头巨大的黑色生物，而它正有目的地沿着岩石河床漫步。很显然，正是它搅动了这群电生植物。

过了一会儿，由8头狂乱的刺背兽组成的兽群突然出现，它们在宛如迷宫的河床中全速奔跑，掀起了滚滚灰尘。在场的还有一群喷射镖鲈兽，这些小飞兽很会审时度势，它们感觉到了即将到来的腥风血雨。当刺背兽到达河床的岩石地带时，尘埃落下，我终于看清楚了它们的追兵。

它大约有8米高，在我看来，它和我在达尔文第四星球上看到的其他捕食者一样致命，且具有威胁性。它的黑色身体有发达紧实的肌肉，一颗大而尖的头颅在1米宽的弧线范围内不断来回摆动。每次摆动，都伴随着一声尖锐、刺耳的鸣叫，我知道，这是它在发送声呐波追踪逃跑的刺背兽。从它瘦骨嶙峋的头颅里伸出一条如同红色箭镞的舌头，锯齿状，上面还闪烁着唾液的反光。我把这只动物命名为箭舌兽。当它向我跑来时，我只觉得谢天谢地：幸亏我不是它的猎物。

刺背兽有柔韧的骨板（或称鳞片），以及两米长的角，为这种生物提供了强大的防御能力，即使在它睡着的时候也可高枕无忧。逃亡时，这种三足动物会聚集在一起，形成紧密的群落，用欺骗性的声呐图像迷惑它们的追捕者。

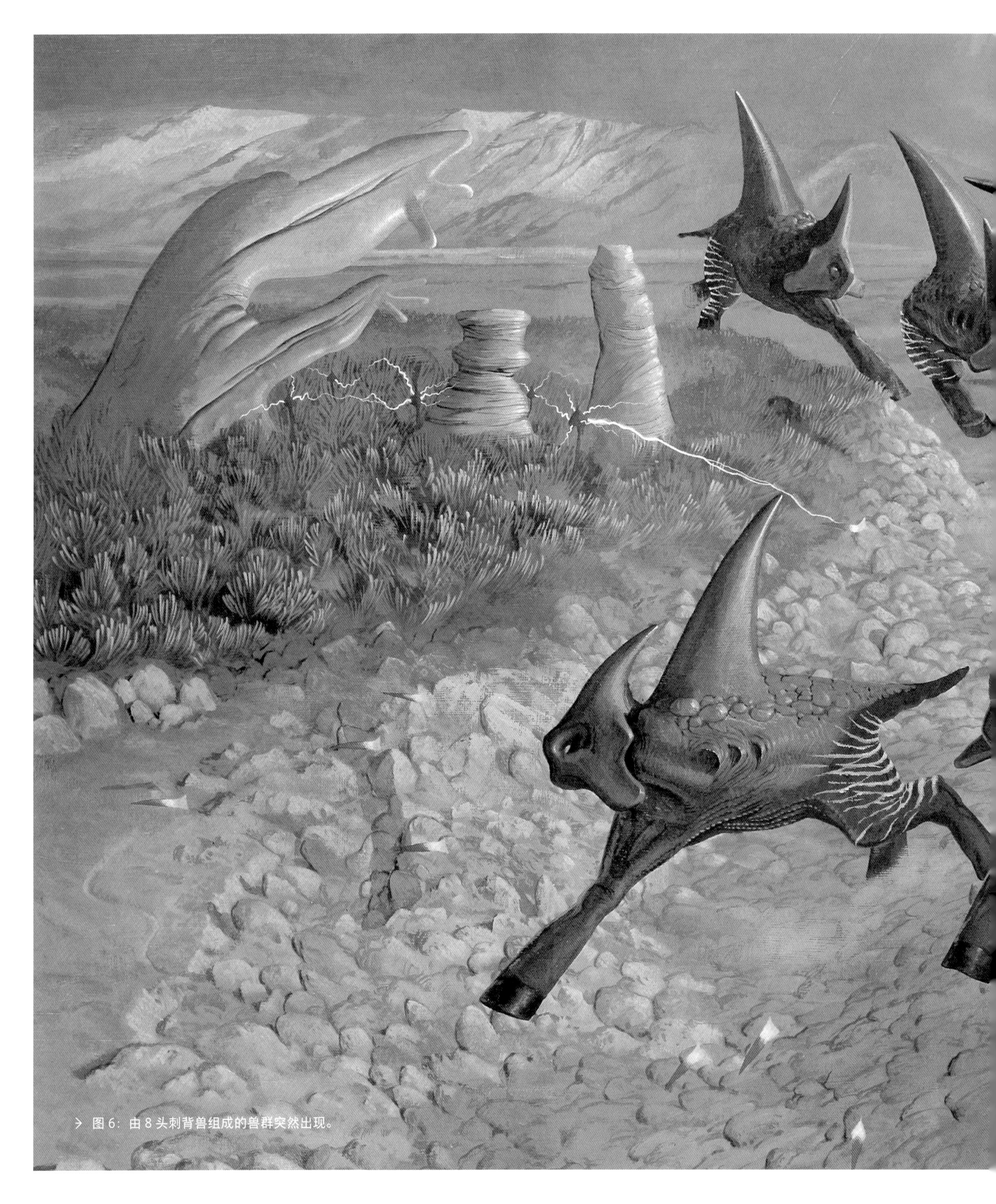

> 图 6：由 8 头刺背兽组成的兽群突然出现。

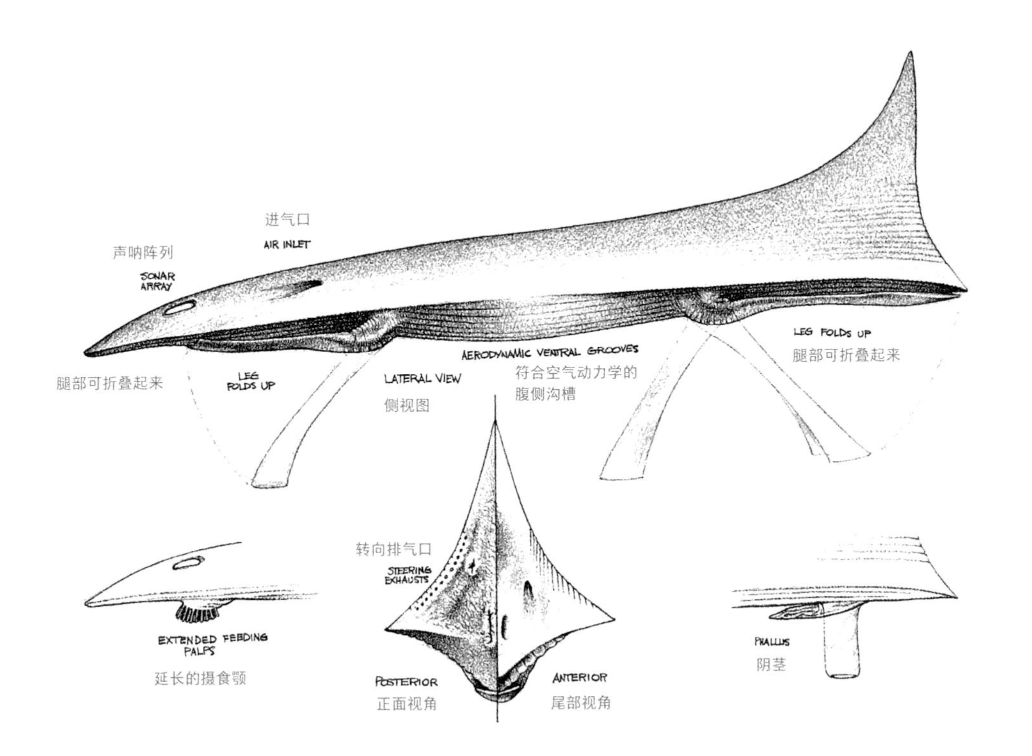

喷射镖鲈兽可以将腿缩回并折叠成符合空气动力学的平滑形状，以适应飞行。这种由生物能驱动的引擎等同于冲压式喷气发动机（搭配骨和软骨构成的涡轮），有时可以达到150千米/时的速度。

刺背兽越靠越近，它们咔嗒咔嗒的蹄子似乎根本没有接触到岩石嶙峋的河床。我看到这些动物背部的鼻孔撅了起来，随着呼吸涌出泡沫，濡湿了背部的甲壳。这群刺背兽整齐划一地奔跑着，它们本能地明白，只有抱团才能保障安全：它们成群结队地奔跑，只露出背上的角，同时给追捕者制造出一个混乱的声呐场域。因为没有落单的目标，捕食者只能跟随着猎物，等待机会。

然而，箭舌兽并没有等待太久。当这群刺背兽从我下方经过时，其中一头在松动的岩石上失去了平衡，与另一头相撞，随后双双摔倒。箭舌兽虽然体形庞大，但速度极快，在那头惊魂未定的三足动物重新站起来之前，它就已经冲到它们身边。箭舌兽长长的舌头凌空甩起，残暴地刺入一头刺背兽背部的鼻孔，黑血如泉水般向空中喷涌而出，直射出一米多高。就在“杀手”迅速收回舌头、调转身来、甩头将第二头野兽打得东倒西歪时，第一头刺背兽在汩汩的哀叹中轰然倒下，而杀手则迅速缩回舌头转过头来，一甩头，又将第二头巨兽给打趴下了。

这位捕食者的舌头再次找到了目标，这一次，它没有收回舌头，而是蹲下身子，开始进食。箭舌兽强有力的肌肉在它身体两侧和喉部皱了起来，将强大的消化液注入刺背兽的胸腔，随即又将液化后的营养物质吮吸出来。在随后的半个小时里，这个过程重复了多次，直到这些消化液完全融化了动物尸体内部的脏器。显然，箭舌兽只食用猎物破碎的内脏，因为它把刺背兽的尸体完整地留给了食腐动物。

当这只液化捕食动物在“掏空”刺背兽的时候，十几头喷射镖鲈兽在另一头动物身上觅食，并在它的背上留下斑斑血迹。当箭舌兽转向第二头刺背兽时，它们飞走了。

凭借强大的加速器肌体，箭舌兽能以闪电般的速度和致命的准确性伸出八米长的杀戮和进食器官。与达尔文第四星球上的大多数食肉动物一样，箭舌兽也是液化捕食动物，它将消化液注射到猎物体内，将其内脏液化，然后吸干。

浓稠的黑血仍在从刺背兽裂开的伤口中汩汩流出，还是在这里，箭舌兽再次刺入了它的舌头。又过了半个小时，它的肚子胀大了，这只吃撑了的动物摇摇晃晃地站起来，缓慢地走了大约 20 米，然后躺下休息。这是一次成功的狩猎，幸运的箭舌兽现在可以整夜安睡了。

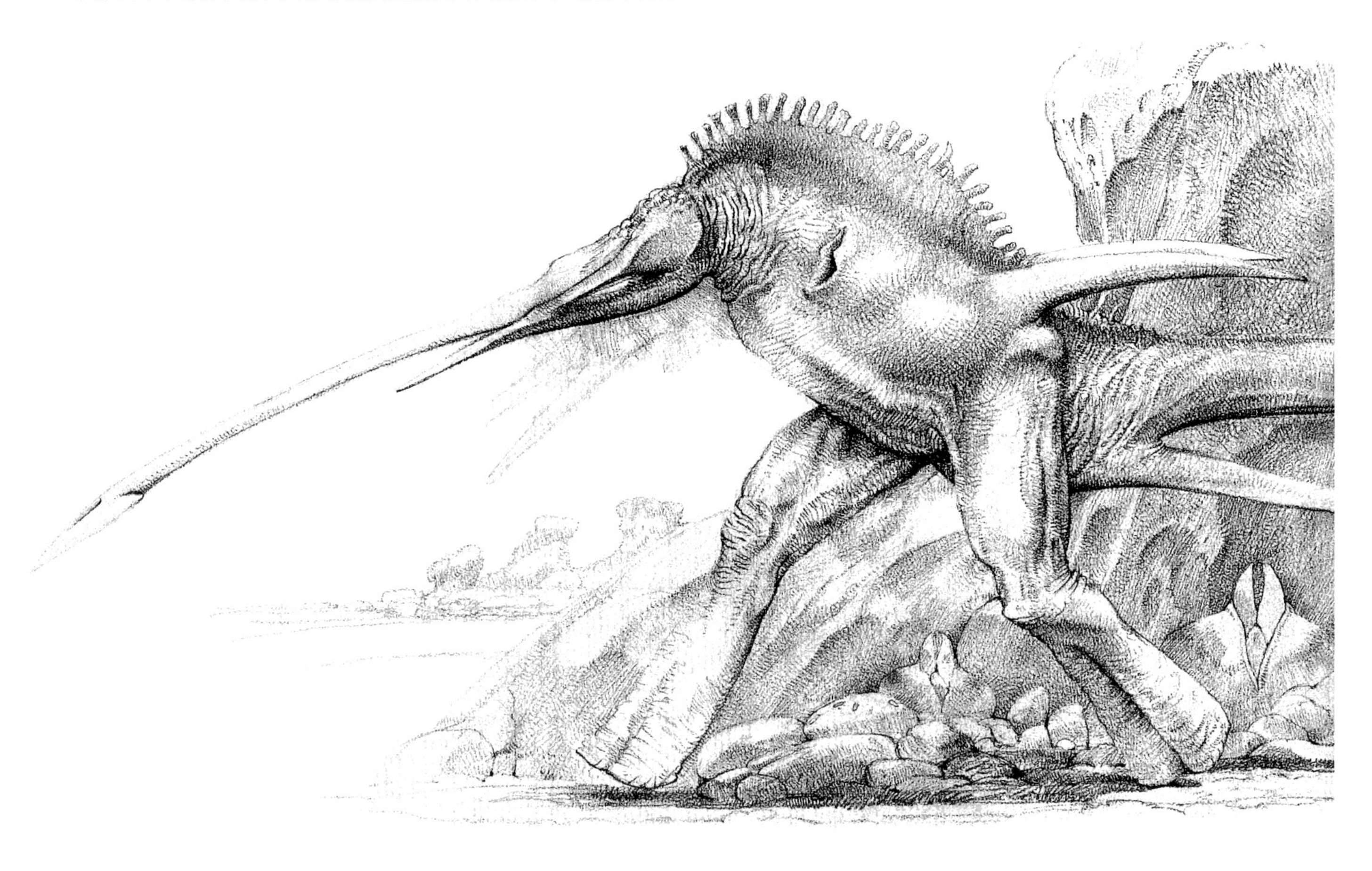

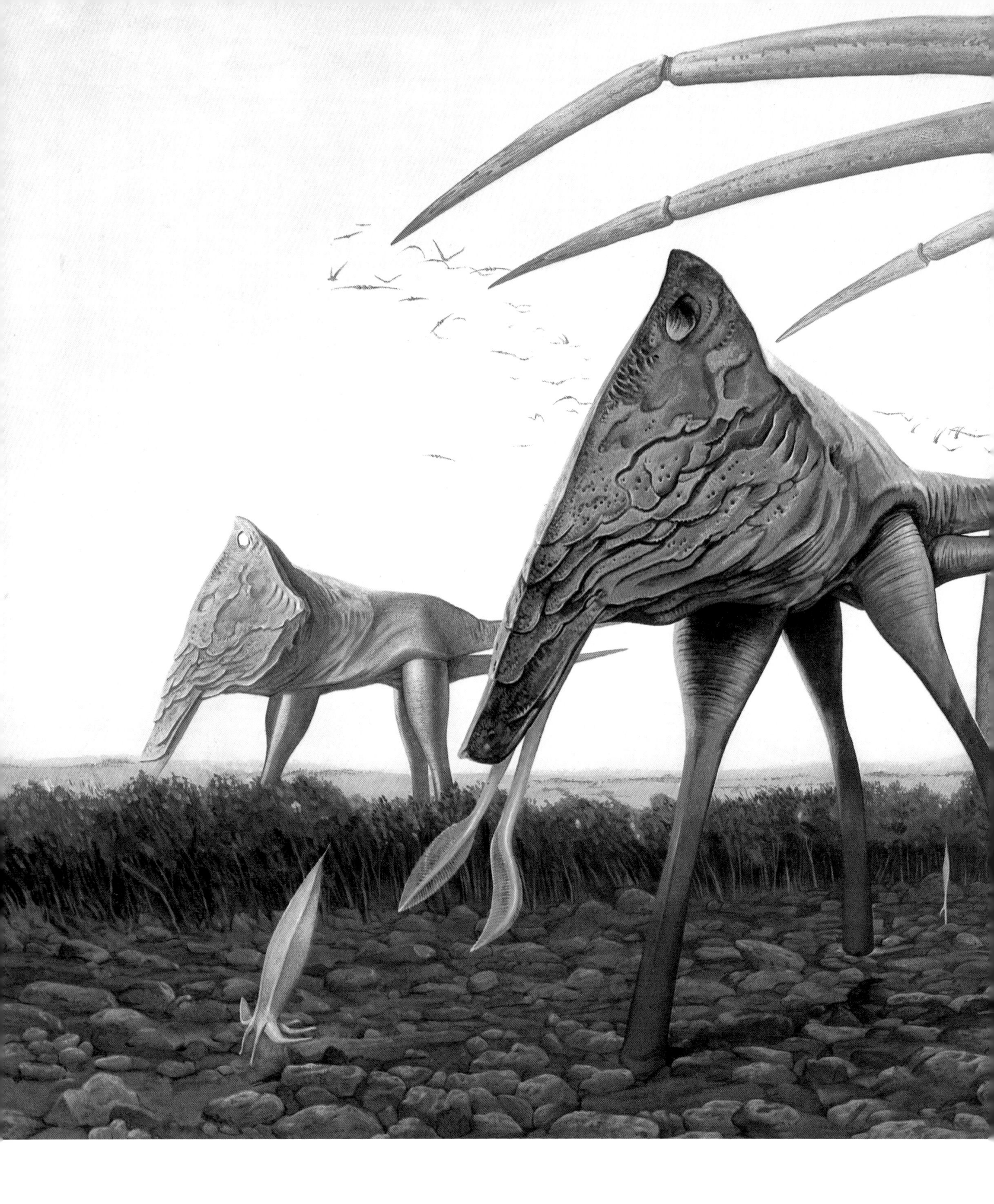

屠夫树和棱跃兽

BUTCHERTREE AND PRISMALOPE

一天下午，我在对南部沙漠进行探索的过程中，决定仔细观察我们在中高度飞越库克峡谷（Chasma Cook）时看到的怪异的“树”。它们究竟属于植物还是动物，大家的意见并不统一。根据我们在200米高空观察到的景象，这种生物只不过是有树一样的外观。不过，与我们所见过的其他树都不同，它向我们展示出了捕食性生物的特点。有几次，我看到其中一棵“树”弯折并张开它长而锋利的四肢，上演了一出怪诞的慢动作杀戮表演。此外，我还经常看到干枯的尸体粘在它们长矛状的树枝上。

有一天，我发现自己恰好有机会调查这些奇怪的“树”，就果断地抓住了这个机会。那一回，我和其他3名探险队成员行进了整整一周，只有在睡觉的时候才会停下来。我很高兴能有机会在漫长的旅行之后得以休息片刻，甚至都没有注意到伙伴们的身影逐渐缩成小黑点消失在地平线上了。我把无线电设置为“仅限紧急状况使用”，然后开始在一小片“树”旁盘旋。

> 图7：“一只漂亮的三足动物跳过附近的树篱。”

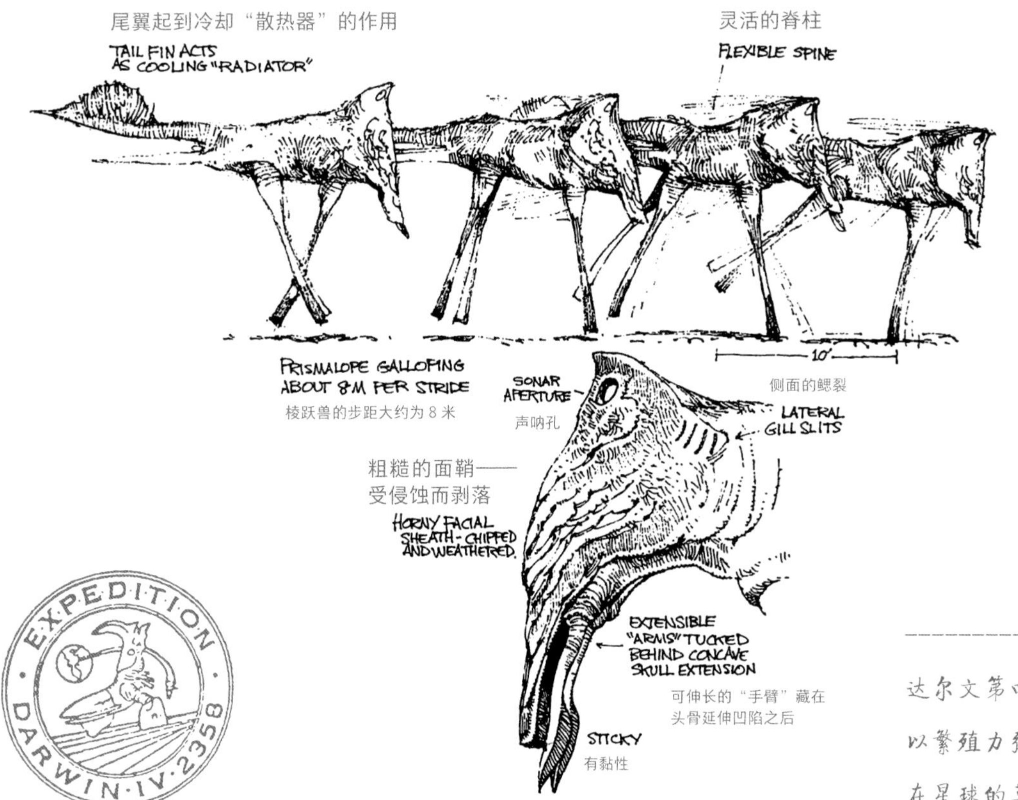

达尔文第四星球上的许多肉食动物都以繁殖力强大的棱跃兽为食，棱跃兽在星球的草原上被大量发现。然而，屠夫树是为数不多的能困住棱跃兽而不是将其撞死的动物之一。

我的第一个任务是对这些生物体进行一系列扫描，以确定它们的真实属性。几分钟内我就得到了答案：这的确是一群动物，毫无疑问。一棵大“树”被四棵小“树”环绕着。宽大的树干基部周围，长着一些黄色的披针状植株，它们似乎是扎根在岩石土壤下面。在我守夜的一个小时里，这些植株开始移动，仿佛在风中摇摆（事实上并没有风）。然后，一只小飞兽乘着平静温暖的空气，在这些跳舞的植物中穿梭。这只飞兽与周围的环境很好地融合在一起，它的颜色、形状和动作使它完全隐匿在周围的黄叶中。

当一只漂亮的三足动物跳过附近的树篱，紧紧追赶另一只相同的飞兽时，为何作此伪装的原因便一目了然了。这只飞兽也把自己藏在挥舞的树叶中。棱跃兽（我们从空中观察到它们的兽群时，给它们取了这么个名字）脚下打着滑停了下来。它的头部硕大无比，全是骨头，此刻，它正通过头部两侧的 8 个通风口用力地喘着气，一边绕着树干底部精致地踱着步，慢慢地发出信号音，伸出它的两条抓取舌，不停地晃动着舌头。它的步子越来越快，贴着“树干”绕圈，直到相当靠近那棵最大的“树”。

在悬挂的树枝下很难发现那只飞兽。它的飞行模式有两种，来回切换：一种是飞到叶片附近停下不动，另一种是快速地从一个叶片飞到另一个叶片。当它静止不动时，我们很难从

屠夫树地下触角的末端是一片叶子（右图左侧），它几乎完美地模仿了那种奇特的飞兽（右图右侧）。在这种独特的共生狩猎伙伴关系中，飞兽充当诱饵，而叶子则是钩子。

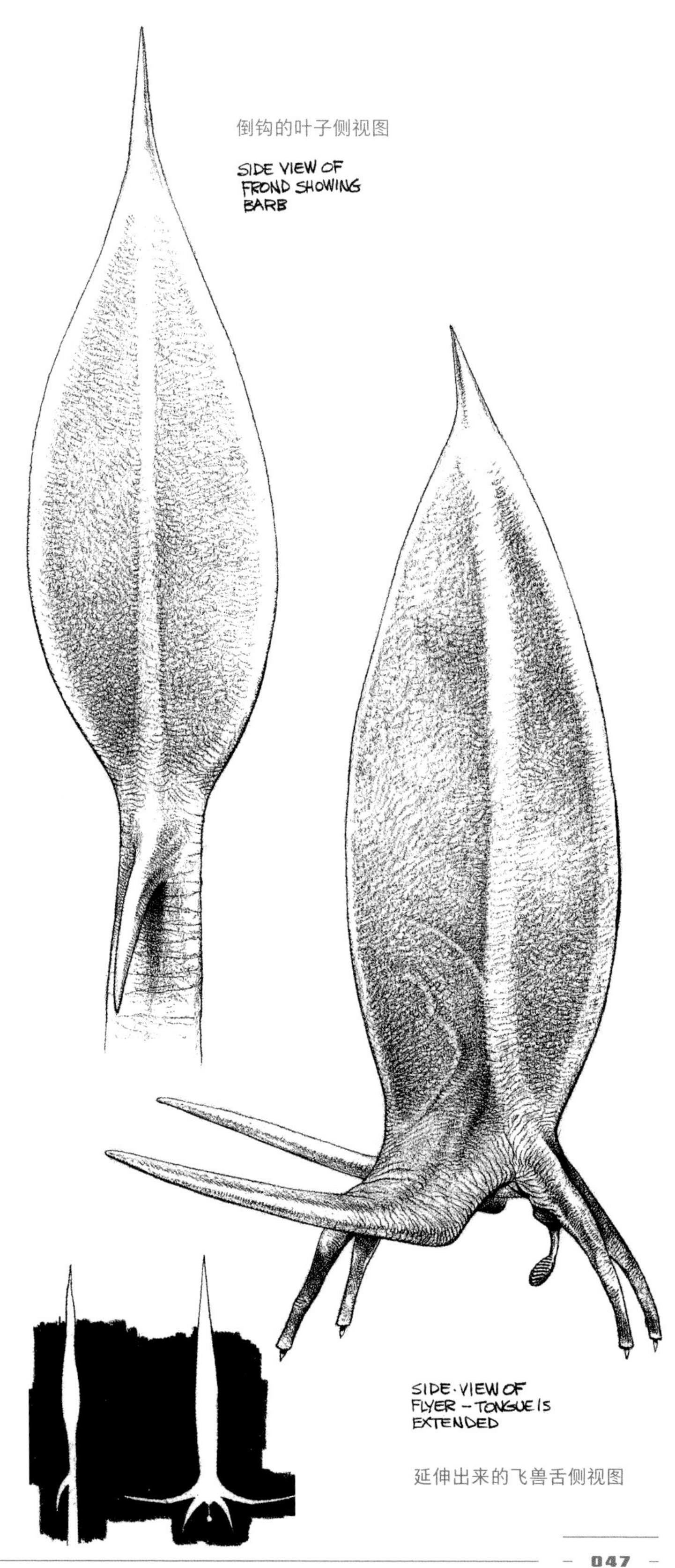

倒钩的叶子侧视图

延伸出来的飞兽舌侧视图

周围的植物中将其分辨出来。不过，棱跃兽很聪明，它越靠越近，它越靠近，信心就越强，发出的信号音也随之越来越急促，大概，它已经嗅到了空气中的美味。

这只三足动物如此专注于它的小猎物，以至于根本没有看到长矛般的手臂像闪电般落下。这节树枝以巨大的力量刺穿了棱跃兽，在它身体的另一侧穿出了整整 1 米，还滴着鲜血。那只飞兽又飞到了视线之外。强大的“手臂”将挣扎的棱跃兽高高举起，在接下来的 45 分钟里，它因体液被慢慢抽干而亡。

我看到这只垂死生物身体上的美丽色彩消失了。它的尸体明显地干瘪下去，刺穿它的手臂上，那些气孔正不断吸食着它的体液。随即，它的尸身被抛下，在一片尘埃中落到地面上，紧挨着另一只棱跃兽枯瘪的尸体。很明显，树状捕食者已经完成了进食。

在黄昏前的 3 个小时里，我看着屠夫树（这是我给它取的名字）又干掉了 5 只颜色漂亮的三足兽。每一次的诱饵都是那

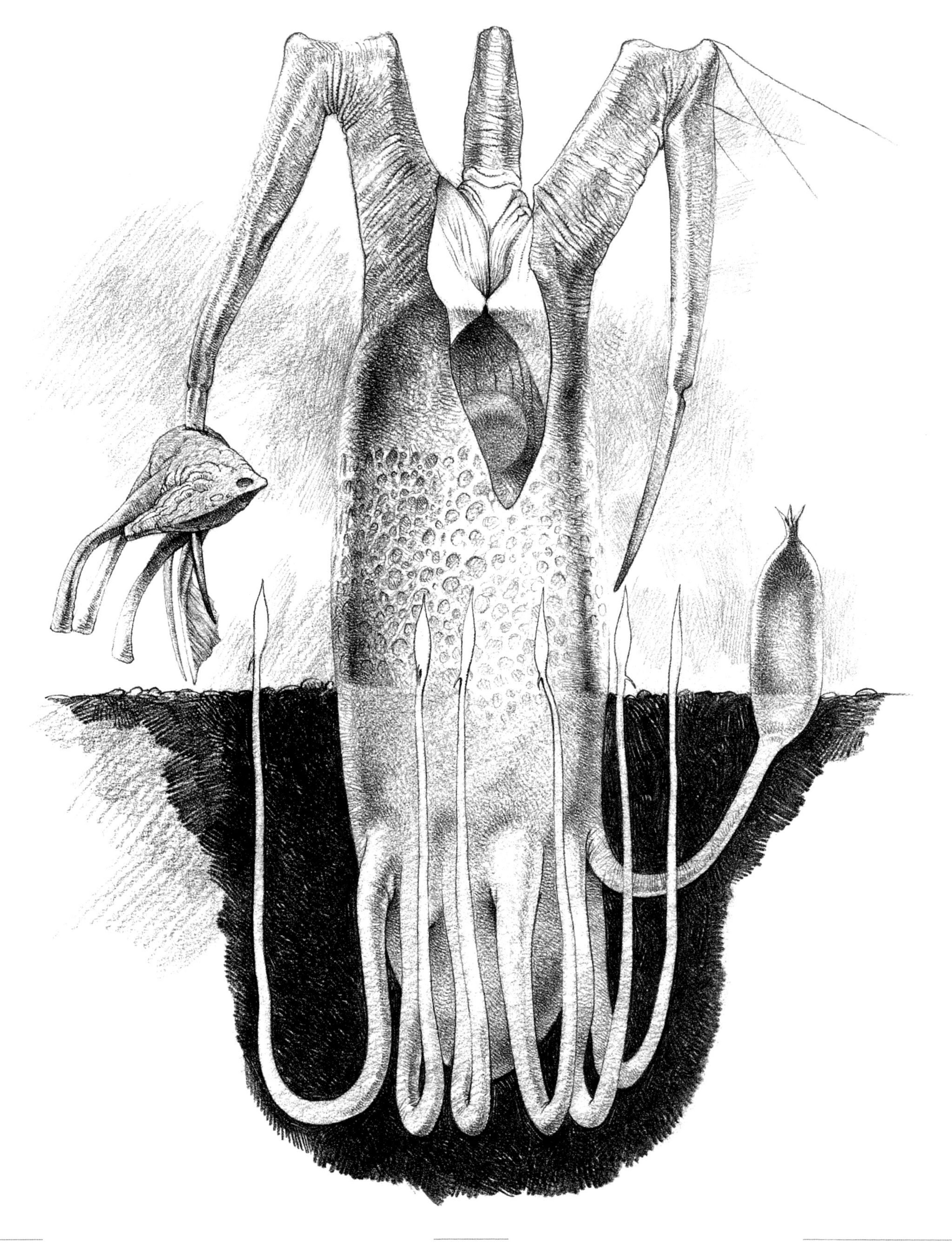

屠夫树会生发出一个半径为几码[6]的固定家族。它通过相互连接的幼芽来培育后代，通过脐带喂养它们，直到幼苗生长出自己的钩状叶子和矛状肢体，并能独立地狩猎。

[6] 码，英制长度单位，与公制单位的换算关系是：1 码约等于 0.9144 米。

只黄色的小飞兽。一只棱跃兽在追赶这只狡猾的飞兽时转了一圈，它的舌头被靠近一片黄叶基部的倒钩卡住了。在随后的搏斗中，我惊奇地发现，这片叶子是由一根伸展的地下触手连接到树干上的。这对棱跃兽来说并不重要，它仍然被刺穿并被举到空中。显然，这种姿势可以使垂死动物的体液得以更容易地流入它的食道。

有一次，3 只可怜的猎物同时被高高举在空中，处于不同的脱水阶段。这真是个令人毛骨悚然的画面，天色渐暗，那棵树及其猎物的剪影至今仍留在我的记忆中，挥之不去。

地下的触角激起了我的兴趣，于是我又进行了一系列的扫描。我发现，最大的一棵屠夫树是通过粗大的脐带与 4 棵小树相连的。由于只有较大的那棵有捕杀猎物的能力，我推测其他植株都是它的后代，而且它可能得持续输送营养物质来维持它们的生命，直到其后代的四肢强大到足以自行杀死猎物。我们后来了解到，这需要大约两年的时间，并且还取决于屠夫树群落的大小和迁徙模式，因为在猎物减少的时期，屠夫树的新陈代谢水平会下降，只保留被动系统的功能处于激活状态，例如，其两侧凹槽里的红外感应器。

时至今日，我仍然不清楚这些固定在地面的奇怪生物是如何交配的。屠夫树与黄色飞兽的亲密关系倒是让我猜测到了一些可能性。飞兽可能仅仅是一个投机的共生生物，从屠夫树这里获取一些残羹冷炙。但不知何故，我并不相信答案如此简单。我的猜测是，飞兽在某种程度上是这个物种延续的媒介。为屠夫树充当诱饵是它最明显的贡献，然而，它也是一个理想的媒介候选人，可以将精子或卵子从一棵屠夫树带给另一棵。或者（这是我最喜欢的理论），也许飞兽本身就屠夫树的另一种性别，是性别的极端情况。不幸的是，探险队没有收集到足够的数据来证实这些理论中的任何一种。

> 图 8：黄昏时分的雷背兽。

森林和周边地区
THE FOREST AND PERIPHERY

树背兽

GROVE-BACK

一天深夜，我被悬浮锥开放无线电频道里的警报声吵醒了。维诺格拉多夫博士（Dr. Vinogradov）——我们的一位地质学家——在哥伦布湾（Sinus Columbus）检测到一个地震干扰信号，这是穿过赤道山脉的大通道。因为我更接近移动的“震中”，所以他非常客气地请我前去调查。他认为，这种震动是局部性的，并且正在稳定地向我移动。在他看来，地面震动并非来自地质活动，而是来自动物。他为吵醒我而再次道歉，并要求我与他保持联系，随后结束了通话。

我揉了揉眼睛，驱散睡意，然后把几台仪器对准了地震的大致方向。地质学家的结论是正确的：那果然是一个庞然大物，大约在距离我 7 千米之外的地方，正朝着悬浮锥的方向前进。红外线和声呐证实了这一点。

我把温暖的床转换成了不那么温暖的椅子，又去合成了一杯茶和一个甜甜圈。我坐回椅子，紧盯着月光下的暗处，等待着。45 分钟过去了，震感愈发强烈。然而，外面并没有什么动静。月亮之间的距离拉开了一些，一队发光的碟形飞兽从我面前闪过。但黑暗里依然没有出现什么东西。突然，我看到箭舌兽的

> 图 9：“一个黑漆漆的庞然大物正走向山顶。”

一只新出现的树背兽，脚下有一只箭舌兽，正伺机捕食被树背兽吓到的猎物。树背兽躯干上的大部分树木将在几个月内死亡，但它们的树干即使在未来几年内都依然会屹立不倒。

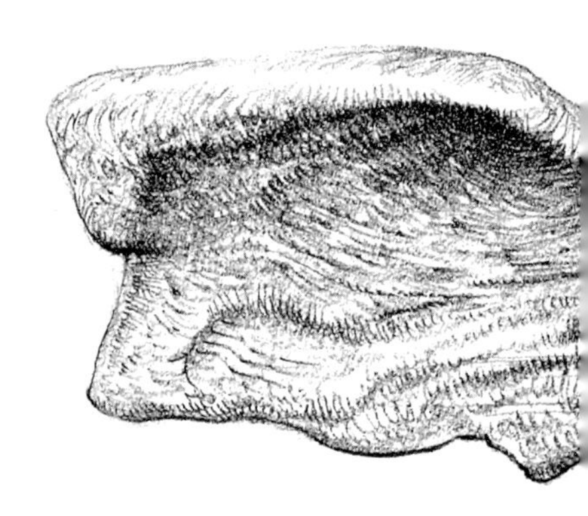

红色生物光在暗处聚集起来，它朝着我的方向走来了。

这头凶猛的双足动物从我等待的“客人”的方向走来，当它在我面前的斜坡上踱步时，我几乎看不到它黑色的头以其同类特有的方式前后摆动。它在不断地发出信号，不过很显然，我正在监测的地震并不是由它引起的。当它消失在夜色中时，第二只箭舌兽也冲入了我的视野，紧接着是第三只和第四只。这是一个狩猎群吗？其他捕食者，比如雷背兽，曾被观察到成群地狩猎，但我从来没有亲眼看到箭舌兽有类似的群体行为。

不久后，我听到远处传来了微弱的刮擦声。那是一种低沉的声音，但伴随着让大地颤抖的缓慢的“砰砰”声，这声音越来越响。我决定爬升到更高的高度，以便越过遮挡我视线的山丘。当悬浮锥爬升到 100 米时，我意识到我的决定相当明智。

在我面前，一个黑漆漆的庞然大物正走向山顶，遮住了身后的月亮。在夜晚的云层中，出现了一头巨大的楔形巨兽，它的生物灯闪闪发光，两条柱子般粗壮的腿支撑着身体行走。我估测它至少有 60 米高，但黑暗使我无法准确评估。它在山顶上犹豫徘徊，几乎就像在为下坠做准备。就在我观察的时候，另一只箭舌兽从这巨兽的两腿之间飞快地窜了出来。就在这时，巨兽开始前进，身体后部巨大的滑橇压住了箭舌兽。庞然大物毫不经意地碾过箭舌兽，如同碾碎了一颗葡萄。

当这头巨兽下山时，我可以更清楚地看到其身后巨大的滑橇，这个结构支撑了它身体后部三分之二的重量。我这才意识到，我刚才听到的声音就是这个犁状的东西在丘陵上刮擦时产生的。不过，这头已经十分显眼的巨兽身上最为显眼的地方，

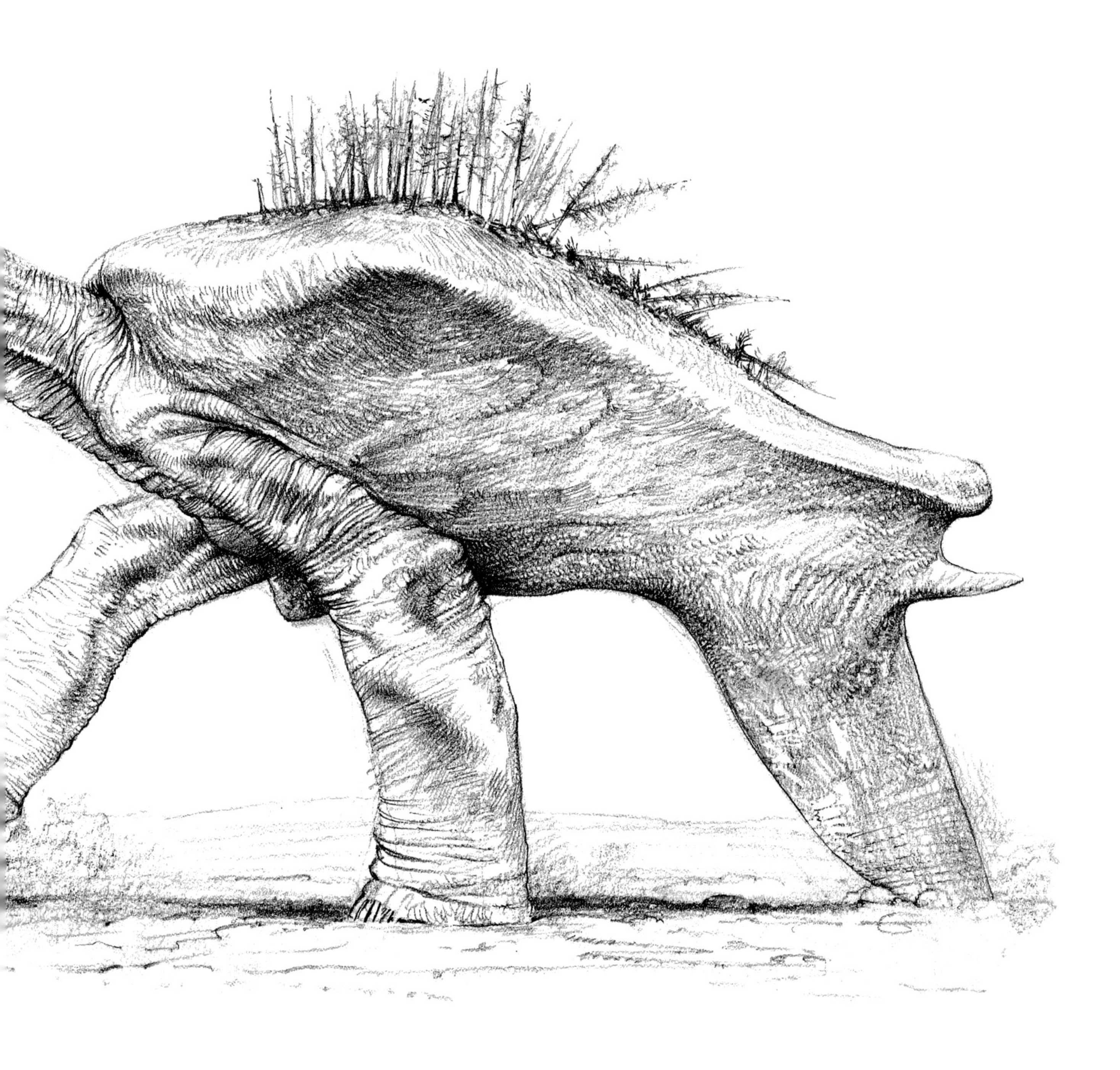

是它的背甲上长着一片正在枯萎的小斑皮树森林。起初我猜测这是某种保护自己的适应性策略，使它能够隐藏在周围的环境中，但考虑到这种生物的体积，这似乎不太可能。后来我了解到，一旦树背兽（Grove-Back）（我这样称呼它）长到这个大小和年龄，也就再没有真正意义上的天敌了，自然也不会害怕被捕食。

树背兽登顶了另一个山头，它以空中微小的飞兽为食，当它吸入由这些微型飞兽组成的闪光云时，我可以非常清楚地听

到它每次呼吸造成的巨大吸力。达尔文第四星球上平和的气筛生物吞噬了大量这样的微型飞兽。这些微蝇其实自出生起就已经怀孕，它们最终会在捕食者的粪便中以卵的方式结束它们的生命周期。

箭舌兽为何一直追随在树背兽周围？这个疑问很快得到了答案。像树背兽这样的大型生物，在行进中一个可预见的“副作用”就是会冲散大群猎物。箭舌兽就这样投机取巧地跟在巨兽身后，捕食这些猎物，甚至不惜冒着巨大的风险。我发现，像箭舌兽这样凶猛而独立的食肉动物，竟与其他生物构成了共生关系，这非常令人着迷。看着它们在月光下的灌木丛中飞奔和刺杀，我对它们的适应能力产生了新的敬意。

至于树背兽，它依然平和地继续着自己的旅行，斧子一样的宽大头颅时而抬起，时而低下，对于脚下在上演的一幕幕大戏剧毫不知情。这头生物的呼吸声从它鼻子后面宽大的腮中呼啸而出。背甲上的树木随着每一次沉重而蹒跚的步伐噼啪作响，发出沙沙的响声，而巨大的滑橇在地

AIR
ONCE BITTEN "FRUIT" INFLATES TO SUFFOCATE PREY
WALKS AT NIGHT ONLY? FOLLOWED BY PREDATORS WHICH CATCH ROUSED PREY
HIBERNATES & GROWS FOR DECADES EMBEDDED IN SURFACE OF GROUND. OVER YEARS DIRT ACCUMULATES ON ITS SPONGY BACK & TREES TAKE SEED. THE TREES, HOWEVER, DIE WHEN THE CREATURE MOVES ABOUT BUT THIS AIDS IN SPREADING THEIR SEEDS.
6'
RELATIVE SIZES

只要咬下一口“水果”，猎物就会窒息而亡

体形对比

这种动物只在夜间行走？被捕食者跟踪、捕食被其惊醒的猎物。

嵌入地表冬眠并生长几十年。经年累月，它湿软的背上积聚着泥土，树木则结下种子。然而，当该生物移动时，树木便会死亡，但这有助于传播其种子。

箭舌兽和棱跃兽在达尔文第四星球的广阔草原上游荡。虽然树背兽也是一种平原生物，但它巨大的背脊上带有森林，因此将其归类为森林的外围。

面上拖动，翻起的巨石一路发出“咔哒咔哒”的轰鸣声。这家伙的动静很大，当我最终放弃追赶时，即使它在我的视线中已经消失了很久，却依然能听到它搞出来的声音。

黄昏的天空

TOP VIEW — SHOW HUGE FOOTPRINTS & SCUFFS
MAKE ARROWTONGUES VERY ANIMATED

俯视图——巨大的脚印和擦痕，对比之下显得箭舌兽非常灵活。

树背兽后面的部分

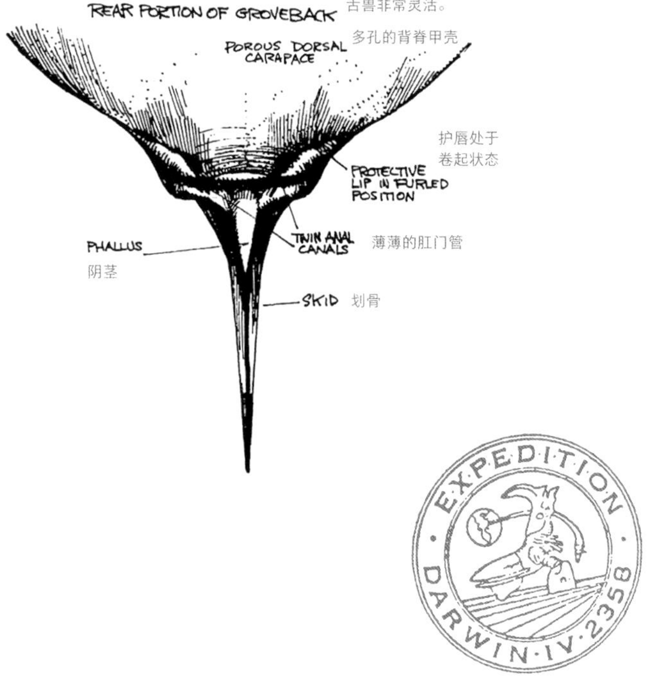

多孔的背脊甲壳

护盾处于卷起状态

阴茎

薄薄的肛门管

划骨

幼年的树背兽（最右边）比笨重的成年巨兽更加优雅，而且脚步更轻快。成年巨兽复杂而精细的解剖结构往往隐藏在覆盖其甲壳的土壤之下。

在达尔文第四星球的 3 年里，我有几次机会观察这种非凡的生物，并将其生命的各个阶段拼凑在一起。在第二个春天，我很幸运地遇到了一只正在筑巢的树背兽。它淹没在一个坑里，背甲上面长满了灌木丛和小树。如果我在树梢下贴着地面一掠而过，恐怕就会与它失之交臂。它看起来俨然就是一座被树木覆盖的小山。

根据树木的生长情况，我估计这家伙已经被埋在地下至少 10 年没有动静了。事实上，我扫描了它的生命体征，很难相信这只树背兽还活着。仪器读数很弱，我不得不得出结论，这只动物正在休眠。在它长期停滞的过程中，小型生物和植物在巨兽多孔的背甲上积聚，红外线显示出一个大型的布什跳星群（Bush-Jumpstars）和一个钴蓝喷射镖鲈 (Cobalt Jetdarter) 的多面体巢穴。

我对这个特殊的样本进行了为期两个半星期的监测。每一天我都会发现其微弱的生命迹象变得越来越强。在第 9 天，我惊讶地发现，这只动物的下方已经挖出了一条 15 米长的隧道。它长长的产卵器正慢慢地将卵挤进隧道尽头的一个小室。

产卵 5 天后，树背兽在一团夹杂着巨大碎石和土壤的烟尘中摇摇晃晃地站了起来。它僵直的双腿在早就被它遗忘的重量下颤抖着，试探性地迈出了十多年来的第一步。当它向前移动时，背上的森林像风中的芦苇一样摇摆着。

树背兽离开后，我在它的巢穴上空盘旋了几天，警惕地观察幼崽的孵化情况，但什么也没有发生。一周后我又回来查看，仍然没有任何动静。我还有其他目标要跟进，所以就把此地的

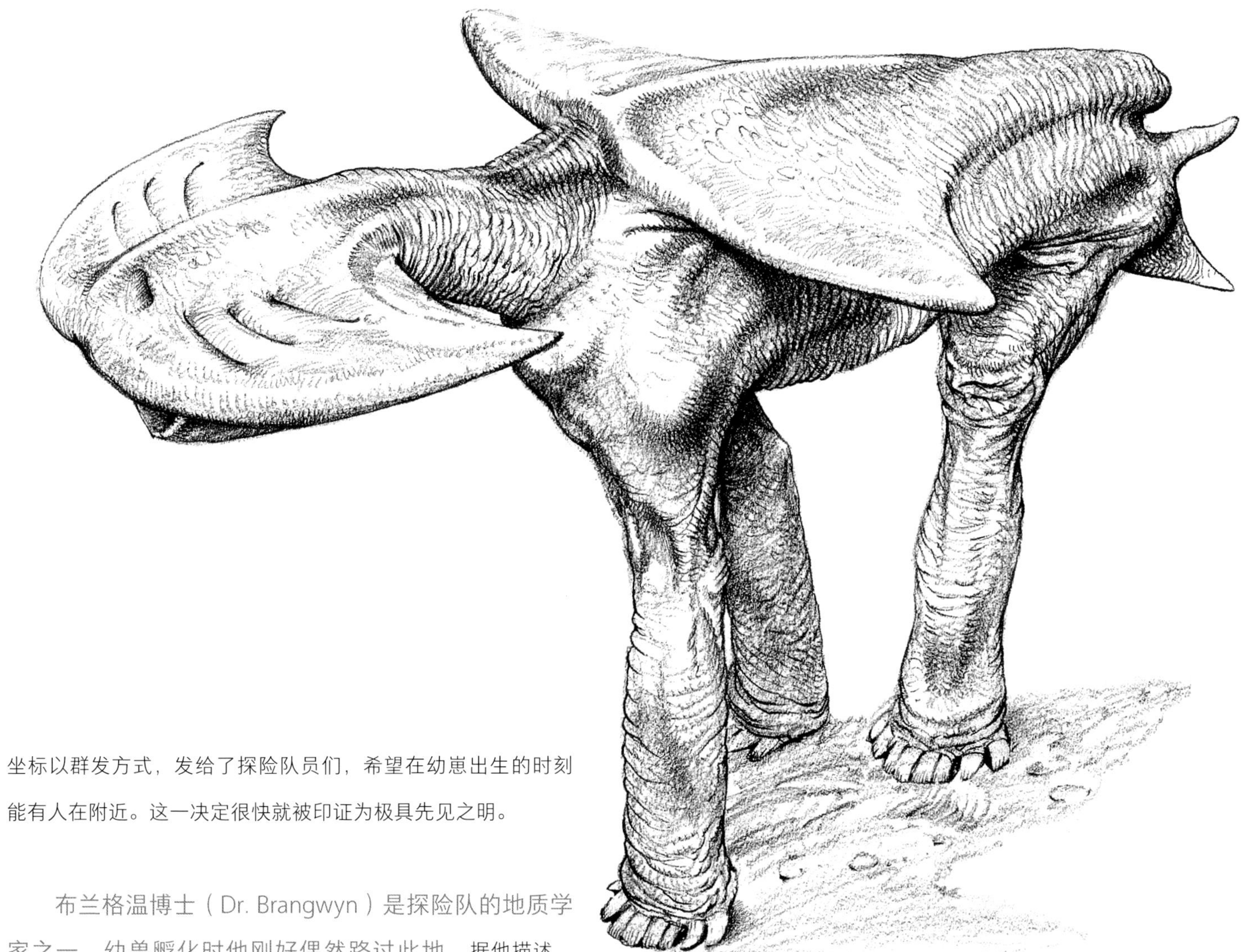

坐标以群发方式，发给了探险队员们，希望在幼崽出生的时刻能有人在附近。这一决定很快就被印证为极具先见之明。

布兰格温博士（Dr. Brangwyn）是探险队的地质学家之一，幼兽孵化时他刚好偶然路过此地。据他描述，每个小树背兽都从沙土中冒了出来，被黏稠的羊水覆盖，并发出微弱的信号声。孵化后一小时，有三条功能肢的幼兽就向各个方向奔去。它们是完全独立的，似乎很喜欢自己的速度，这与它们慢吞吞的父母形成了鲜明反差。只有长大后它们的后肢才会萎缩，被我们所熟悉的滑橇取代，就像达尔文第四星球的其他龙骨脊生物一样。

直到遇到了游荡的树背兽，我才意识到自己一直关注的那些奇怪的、成双成对散落周围的粪便痕迹，正是它们的产物。这些红色的、绳状的瘤形物摊在地上，分布在深沟两侧，成双成对，像双胞胎一样，往往有一米高、好几米长。在意识到它们真正的来源之前，我曾怀疑这是一种人工制品，甚至可能是智能生物。它们经常旋成紧密的线圈或完美的椭圆，我把这看作人工生成的证据。在我看来，它们似乎是一种诱饵，专门诱捕游戏里那些粗心大意的猎物。不过，这个猜测是错误的，这让我非常尴尬，且收获了不少来自探险队员们善意的嘲讽，当然了，他们在达尔文第四星球上也提出过一些不那么靠谱的理论。

弹射飞棍

FLIPSTICK

一天下午，我在帕里湖（Lacus Parry）附近的北部荒野写生时，收到了地质调查队队长埃文·坦恩布鲁克博士（Dr.Evan Tenbroeck）的消息：在 20 千米外有些不同寻常的生物。坦恩布鲁克博士一向是个不容易激动的人，因此我放下手中的工作，将导航网指向 GST 传送过来的坐标。

在离目标 3 千米的地方，我发现了这些生物。4 只非常奇怪的管状动物直立着，足足有 60 米高，它们在轻柔的微风中摇摆、弯曲。它们的球状平衡器官是我见过的最发达的陀螺仪，有那么一瞬间，我非常想知道为什么这些动物需要它们。后来，当与它们的距离不足 1 千米时，我看到这些巨兽肉墩墩的脚部开始起皱和压缩，随后空气发出一阵尖锐的啸音，就像是一次深呼吸。毫无征兆地，这 4 只圆柱形动物将自己朝着雾蒙蒙的天空弹射出去。在达尔文第四星球双子太阳的照耀下，它们漆黑的侧面闪烁着彩虹般的生物光，它们翻着跟头最终以直立的姿势成功着陆。我立刻明白了这种过度发达的平衡器官的必要性：这真是一次令人难以置信的关于协调性的展示。

> 图 10：没有任何预警，圆柱形的动物便将自己弹射到天空中。"

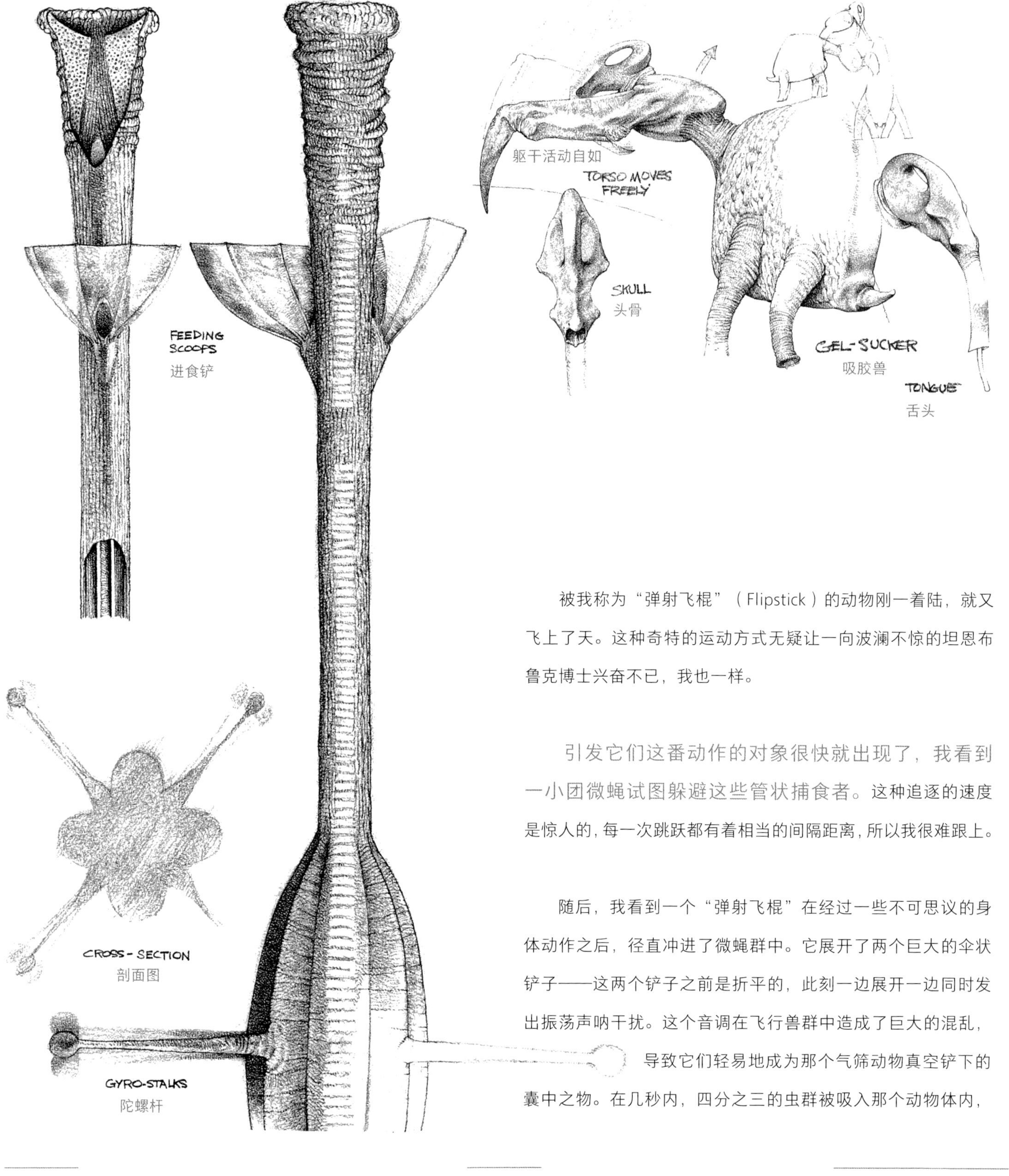

被我称为“弹射飞棍”（Flipstick）的动物刚一着陆，就又飞上了天。这种奇特的运动方式无疑让一向波澜不惊的坦恩布鲁克博士兴奋不已，我也一样。

引发它们这番动作的对象很快就出现了，我看到一小团微蝇试图躲避这些管状捕食者。这种追逐的速度是惊人的，每一次跳跃都有着相当的间隔距离，所以我很难跟上。

随后，我看到一个“弹射飞棍”在经过一些不可思议的身体动作之后，径直冲进了微蝇群中。它展开了两个巨大的伞状铲子——这两个铲子之前是折平的，此刻一边展开一边同时发出振荡声呐干扰。这个音调在飞行兽群中造成了巨大的混乱，导致它们轻易地成为那个气筛动物真空铲下的囊中之物。在几秒内，四分之三的虫群被吸入那个动物体内，

弹射飞棍自身60米高，可以把自己弹射到3倍于自己身高的空中。我曾见过一次它们横向跳跃了30米，非常惊人。它们的吸气声被误认为是平原风的深沉的吼声。

其余的则在混乱中散开。

微蝇群四散而逃，弹射飞棍恢复了它们晃晃悠悠的平衡稳定态。我担心会惊扰到它们，于是把观察舱停在大约300米外，靠近一个围成环形的柱状植物群，这些植物的外观很奇怪，像是被啃咬过。最诡异的是，一个巨大且完整的箭舌兽头颅就扔在这个环形的中心。它似乎是被一双巨大的爪子抓住并被直接拧了下来，其干瘪的皮肤和骨头上都残留着爪子的痕迹，颈部的残端还拖着腐烂的筋腱。长长的、带刺的舌头不见了，显然也是被那个杀死它的生物拽掉了。我一边为眼前的这幕惨剧画着素描，一边时不时地回头张望，生怕碰到那个凶手，它竟然能如此轻而易举地干掉达尔文第四星球上最凶猛的液化捕食动物的生物。

在高速追赶的过程中，我发现了一头特别大的树背兽正跌跌撞撞地穿过草地。当时我正在追逐中，所以没有留意到这头动物在如此轻松的环境里正在遭遇的厄运。等我绕过一周之后才发现，那只树背兽正在无力地挣扎着，企图爬过一道小斜坡。

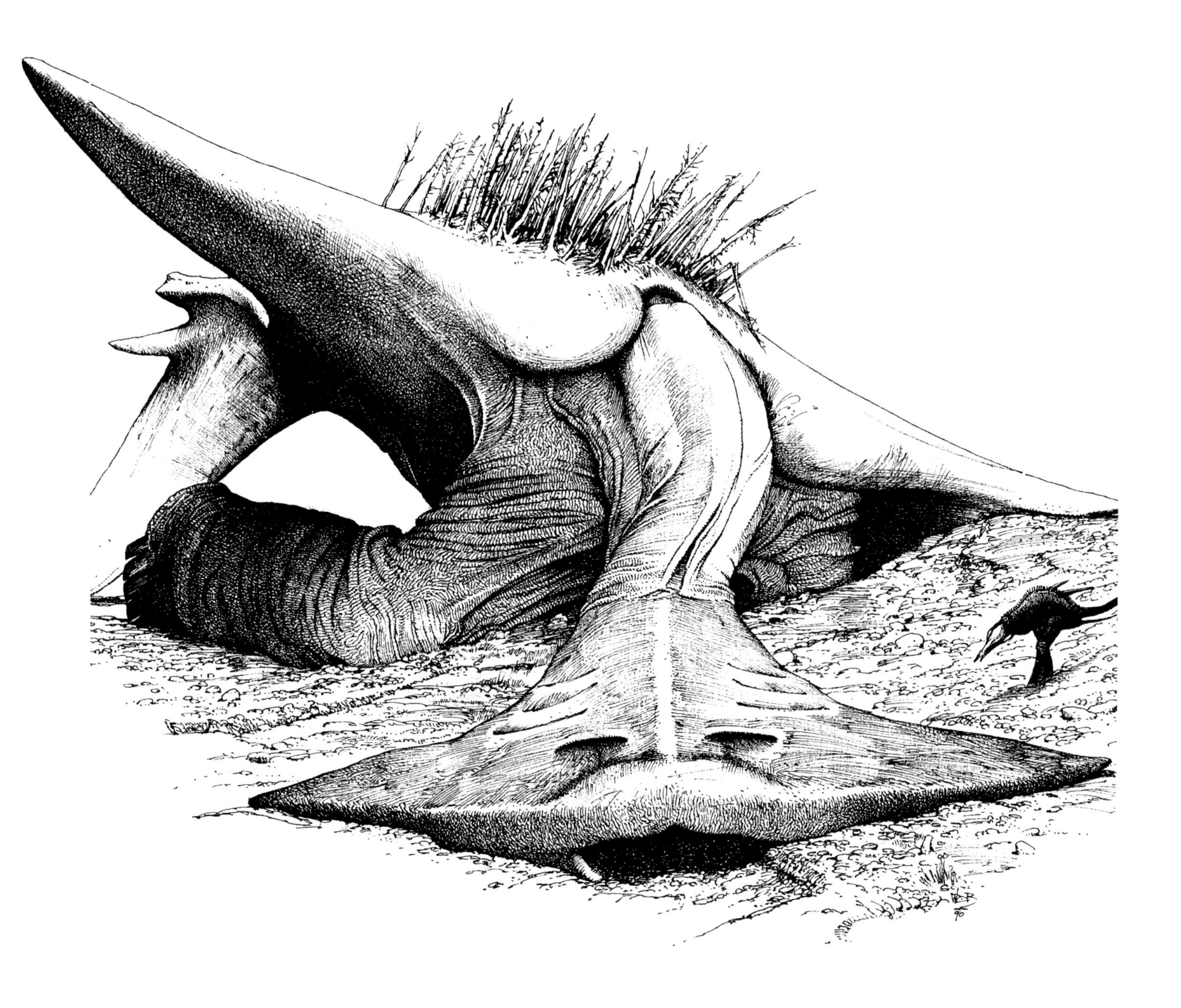

我立刻意识到，这个庞然大物生病了，甚至有生命危险。这是我在达尔文第四星球上从未遇到过的事情，我以前从未目睹过此间自然死亡的情景。

树背兽多次试图爬上一处两米高的地方，但它的大脚总是抬得不够高。它停了下来，我看到它的身体在颤抖。突然，随着一声响彻天际的咆哮，这只巨兽向前倾倒，硕大的头颅插入沃土。脆皮树木裂开了，像标枪一样从兽背上飞出去。这头巨兽似乎花了很长时间才彻底安静下来，我知道这是它最后的安息之地，它的双脚悲哀地抓着地面，直到一切归于平静。我决定画下这个凄美的场景，以纪念如此伟大的生物的逝去。

即使在死亡时，树背兽也拥有令人敬畏的尊严和力量。我有幸见证了这一神奇物种生命中的最后几分钟，并且在第一批食腐动物大快朵颐之前画下了它。

树背兽死后不久，一只箭舌兽出现了，这是在这场欢快的盛宴上出现的众多投机性食肉动物中的第一个。当我画完素描时，至少有十几只大型动物和许多小型食腐动物正在进食，场面看起来很和谐。弹射飞棍则就像我一小时前离开时一样。

弹射飞棍蜷缩着脚开始休息，我研究了它们大约一小时，它们的六边形身体因刚才的追逐而快速地起伏着。现在我离得更近了，可以看到，它们的身体呈现出极其轻量级的结构，栅格状肌肉很显眼地在体表薄薄地覆盖了一层。

一对笨拙的吸胶兽（Gel-sucker）吸引了我的注意，它们跌跌撞撞地走进一片果冻囊植物。这些笨拙的生物贪婪地撕咬着摇摇晃晃的植物凝胶袋，用它们超长的探针喝下植物的汁液。没过多久，第一个果冻囊就变成了干瘪的外壳，里面的液体被吸干了，有些则溢了出来。

这些吸胶兽有条不紊地从一个果冻囊移动到另一个，把它们一一撕开，而这显然是为了取乐。胶状物翻滚着，大块大块地流出来，在地上融化成块状的水坑。每个果冻囊被破坏的时候，都有数十只不停发射信号的微小跳锥（Hoppercone）从它们的洞穴里钻出来，抢夺半固体的水囊皮碎片。

一群银色的、桶状鳍足兽（Finleg）蹒跚着进入我的视野，朝着一动不动的弹射飞棍走去。我决定跟着它们，看看我究竟能离这些巨大的单足动物有多近。我想，如果自己一直待在鳍足兽的后面，它们可能不会注意到我，所以我保持在10米的低空滑行。我确信计划是成功的，因为我来到了距离巨型飞棍30米以内的地方。可是突然间，所有的4个生物都开始压缩脚底肌肉，吸气，随即跃入空中。它们翻滚着奔向天边，不一会儿就消失不见了，我驾驶着悬浮锥进入了快速且激烈的追踪状态。

然而，追赶了5分钟后，一阵警报声响起，我面临着燃料耗尽的危险，不得不中断了追踪，但这反而挽救了我的自尊心，因为我很有可能追不上弹射飞棍。我把坐标传送给“轨道之星”控制中心，等待其同步投送一个燃料舱并安排会合点。两小时后，燃料舱在以我所在位置为圆心的1千米范围内投放。

森林滑兽和咽囊兽

FOREST SLIDER AND GULPER

达尔文第四星球上的袖珍森林让我们遭受重挫，也是最大的失败。面对这些小而密集的林地，我们毫无准备：悬浮锥观察舱则太笨重，无法在藤蔓和树干的迷宫中穿行。然而，有一天我设法通过了一片斑皮树林，深入到了前所未有的 4 千米距离。刚一进入森林翡翠色的区域，我就发现了袖珍生物群落这一令人着迷的自然之美。金色的斑驳光芒穿透阴影，照亮了一簇簇树叶、一片片树皮，还有铺满树叶的地面。小巧的四翼飞兽在阳光下飞来飞去，在森林的暗影中闪烁着鲜艳的蓝色。数以千计的钟锤坚果（Striker-nut）发出宛如木琴般美妙的乐声，进一步强化了眼前的美景。钟锤坚果是斑皮树的种子，呈钟形，每个坚果都有两个小小的树皮敲锤，不停地敲击外壳，直至坚果松动，坠落地面。这些坚果敲击的声音此起彼伏，就如同一支迷人的丛林交响乐。

我决定沿着一条小溪走，因为溪水上方的树叶不会太茂密。我还隐隐觉得在岩石岸边遇到生物的机会很多。当悬浮锥深入森林时，我看到两个生物摇摇晃晃地走到水边。我停下悬浮锥，看着这对动物中较大的那只用它超长的紫色口腔管嗅着空气。这只动物似乎感觉到了我的存在，但就像达尔文

图 11：“三只钩尾飞兽从树叶中冲出来，惊动了森林滑兽。”

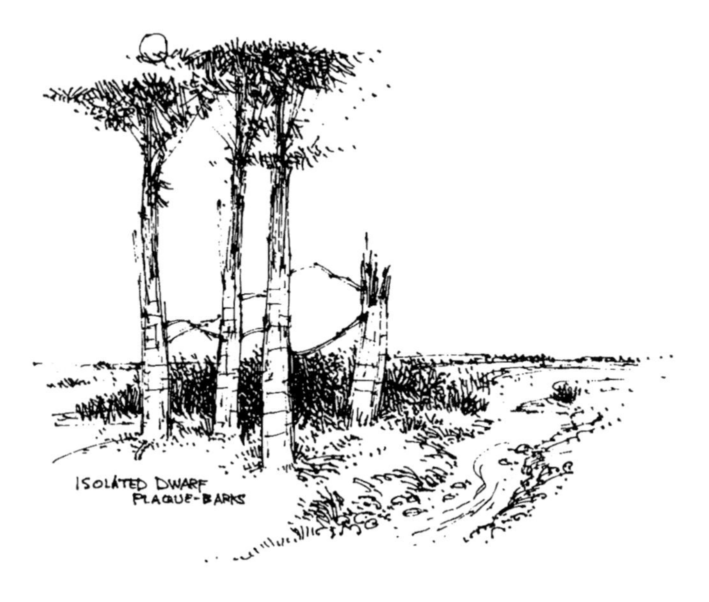

森林滑兽似乎真的不受失去后肢的干扰。事实上，我注意到一旦失去了腿，它的活动能力反而会增强。虽然身体可能看起来笨重，但它实际上很轻，可以从地上抬起身来快速转身。

第四星球上的许多生物一样，对我置若罔闻。任何自然学家都会对这样的反应感到高兴，这是动物们对外来者没有经验的表现。我对这种无视我的态度感到很高兴，于是静下心来观察这对生物，把它们称为“森林滑兽”（Forest slider）。我猜测这是一只亲兽[7]和它的后代，我注意到它们之间在大小和肢体的数量上都有差异。成年兽只有两条腿和一个滑橇，但当幼兽转身时，我注意到一个悬空的、起皱的组织瓣，在那里可以找到幼体的一条后腿。这种明显的畸形引起了我的兴趣，突然 3 只钩尾飞兽从头顶的树叶中冲出来，惊动了森林滑兽。成年兽摇晃着退进树林，那条“畸形”的腿被完全蹭掉了。但它并没有因为失去这条腿而受到影响，甩动了几下再次回到了水里。令人惊讶的是，它的身上没有任何伤口，我由此得出结论：在可以完全控制尖叉状骨质滑橇之前，这条腿应该是那个动物幼年时期的肢体，在它完全控制尖叉状骨质滑橇之前要靠这条腿行动，现在则退化了，只剩下残肢。

[7] 按照原著中的设定，达尔文第四星球上的大多数动物并没有性别的区分，因此不存在“父亲”或“母亲”的概念，此处将原文中的“parent”译为“亲兽”。——译者注

3 只钩尾飞兽落到一根阳光斑驳的树枝上，钩住树枝，倒挂着，把它们的皮质翅膀折起，收到身侧。在下面的岸边，幼年森林滑兽蹒跚地跟在亲兽后面，在溪流中段一通饱饮。它饮下溪水，湿漉漉的身体两侧微微起伏。当森林滑兽的幼兽靠近岸边光滑的岩石时，亲兽开始发出警告的信号声。被警告后，孩子便不再前进。一刻钟后，它们都消失在了森林的暗处。

我重新缓慢地开动悬浮锥，继续我的旅程，在溪流上方 7 米处盘旋。树枝和藤蔓拂过玻璃，留下黏稠的黄色花粉。屏幕清洁喷雾并没有改善我的观察条件，这让我别无选择，只能改用远程视频。

在考虑是否应该继续前进时，我听到了一种奇怪的叫声，这似乎是一种真正意义上的发声，而不是我已经习惯了的声呐信号。我很感兴趣，于是决心继续行进，去寻找声音的来源。

> 图 12：“我在上游听到的相同的哀嚎声打破了寂静。”

当我沿着杂草丛生的河岸漫游时，观察到灌木丛随着一只鬼鬼祟祟的、看不见的生物而晃动；我可以看到发光的生物灯被树枝扭曲成奇怪的抽象图案。我从一簇发光的矮小茎秆旁经过，上面黑红交替的条纹有节奏地跳动着。它们轮流被一个移动的蓝色小光毯所包围，仔细一看，那其实是一个庞大的几乎透明的幽灵蕨蚤群落。在我看来，它们是黑暗森林王国中的幽灵部队，数百只蕨蚤围着茎秆，最终将其砍倒并带入绿色的阴影中。每根茎秆在被运走时都仍在发光，在这种蓝色生物的河流中，红色光越来越少。

我继续顺流而下，每隔一段时间就暂停一下，向昏暗的森林望去，直到到达一片被树木环绕的背阴空地。在那里，一个巨大而臃肿的生物体静静地躺在周围的树叶和斑皮树的碎屑中。它大约有 3 米高、15 米长，大部分身体由一条蜷缩在地上的粗大的肠形尾巴组成。在这个生物臃肿而开裂的大嘴后上方，一对仿佛缩了水的小翅膀以近乎滑稽的方式在森林安静的空气里拍打着。这个生物整体是一种不怎么招人喜欢的黄绿色，斑驳的光线照射到它那皱巴巴的皮肤上，口腔则是半透明的。

在我观察它的时候，这只动物在一连串波纹状的抖动中醒了过来，抖落了背上的树枝和树叶。这时，一声哀号打破了寂静，与我在上游听到的一模一样。这似乎是从那生物口腔内一系列类似于鼻孔的小孔里发出来的声音，就在我观察的当口，那些小孔皱了起来，吸入空气，然后迸发出了不协调的哀鸣。伴随着嚎叫，它呼出一团细密的刺鼻气体，在林间飘荡。

在几分钟的时间里，不知道是哭声还是空气里的味道，抑或说是两者兼有，吸引来一只蓝头锹鼻兽——一种小型的桶状生物。它一边嗅着，一边发出信号，走到俯卧着的生物身旁一

在达尔文第四星球上，对我来说，没有什么死亡比锹鼻兽被引诱到咽囊兽身体里更可怕的了。它真的被活生生地消化了，而它低沉的尖叫声证明了它漫长的死亡过程中每一个可怕时刻。

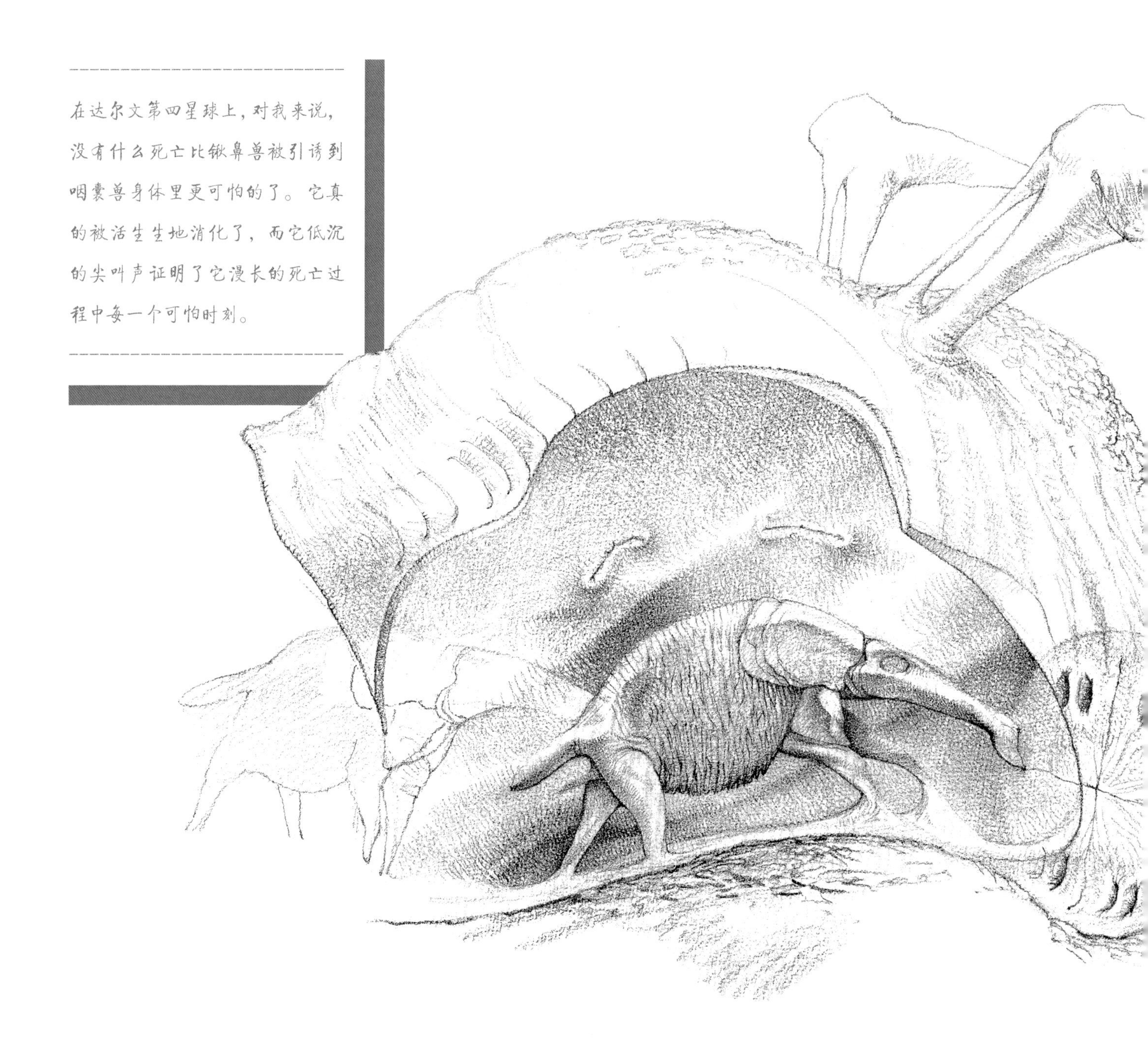

米之内。后者几乎一动不动，只有两侧身体几乎无法察觉的伸缩显示着它还活着的事实。这只生物的小嘴无声地喷出一股薄薄的气体，笼罩着锹鼻兽——它竟不假思索地直接挺进到了那只生物张开的大嘴里！

几秒内，它的脚就被粘在腔底，被黏稠的分泌物牢牢困住。我看着这只小兽拼命挣扎，这时，捕食者的嘴慢慢闭上了。我可以从里面辨别出两种声音：疯狂的锹鼻兽发出的可怜而低沉的信号音，以及消化液汩汩分泌的声音。很快，这两种声音都停止了，围绕着这只被我决定称为“咽囊兽”的凶兽，森林又

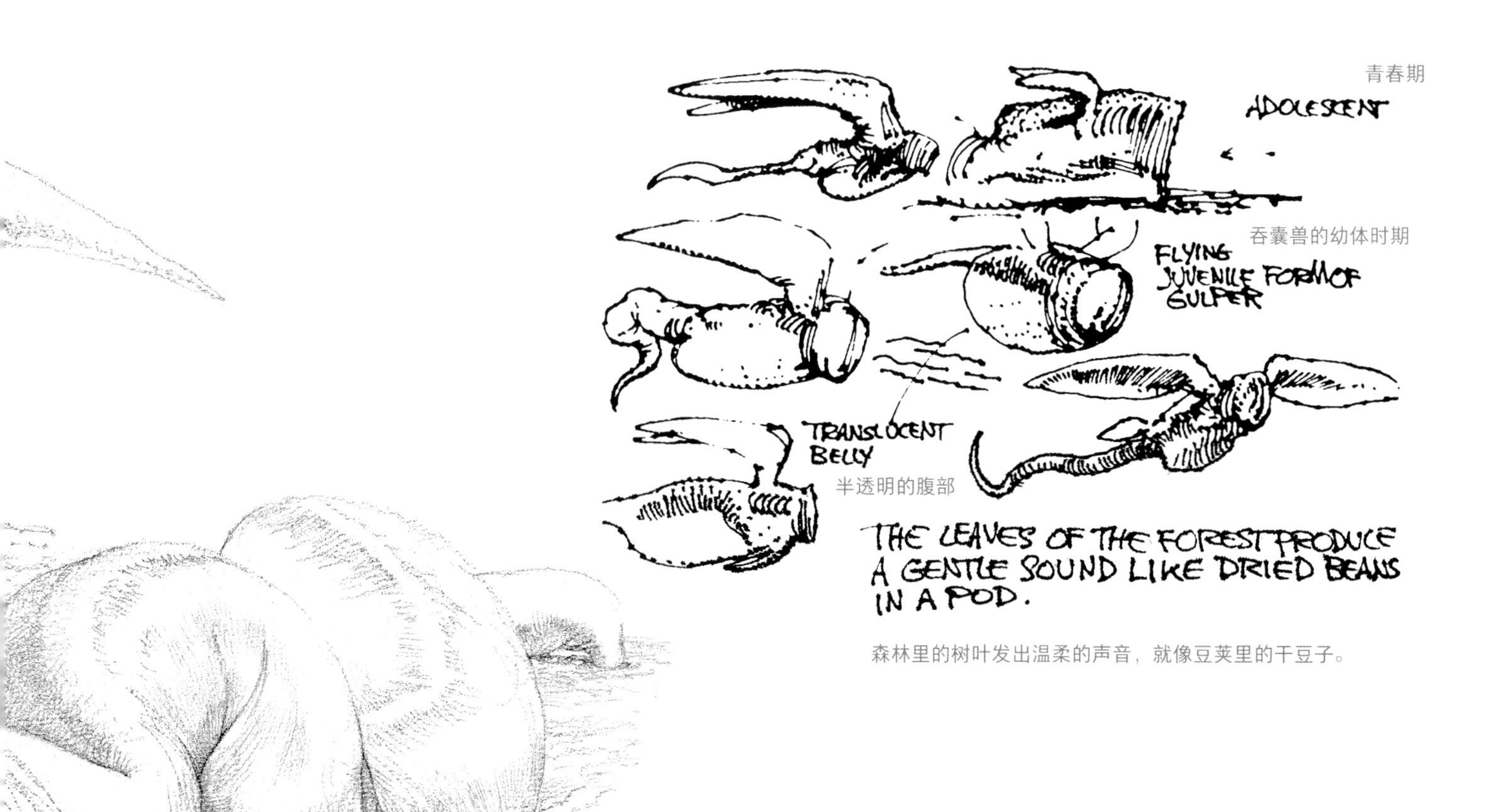
ADOLESCENT
FLYING JUVENILE FORM OF GULPER
TRANSLOCENT BELLY
THE LEAVES OF THE FOREST PRODUCE A GENTLE SOUND LIKE DRIED BEANS IN A POD.

青春期

吞囊兽的幼体时期

半透明的腹部

森林里的树叶发出温柔的声音，就像豆荚里的干豆子。

恢复了寂静——除了钟锤坚果发出的叮当声。

也许是受这出“短剧”的影响，我开始觉得自己在错综阴暗的树林里患上了幽闭恐惧症。我越来越想置身于开阔的环境中，所以在下一个相对开放的区域，我慢慢地穿过树枝升到上空。当我冲破枝繁叶茂的森林树冠时，迎接我的是一片奇异的绿色气泡，每个气泡都像孩子的气球一样拴在树冠上。在广袤树叶的衬托下，这些颤悠悠的、直径两米宽的浮球在下午的阳光下闪闪发光——我们称之为“漂浮球”。我至今仍不确定它们是植物还是动物，或者是不是某种树的寄生虫或孢子囊。我的报告表明，它们充满了某种轻型气体，其成分仍然是个谜。

我自由自在地漂浮在森林上空时，一群钩尾飞兽从下方的树上惊起，吵吵嚷嚷地发射着信号，向着开阔的草原方向飞去了。我没有什么直接的目的地，又对离开袖珍森林感到松了一口气。提开足马力，驾驶着悬浮锥跟上去，直到它们消失在紫色的黄昏里。

BARLOW 84

匕腕兽

DAGGERWRIST

在达尔文第四星球上遇到的最明显的社会性生物是树栖的匕腕兽。由于生活在树顶，我也是在偶然间才发现它们的存在。

一天早上，我厌倦了平原的一马平川，于是将导航网格设定为我们探险队迄今为止发现和调查的最大的袖珍森林之一。它与我一直在写生的皮西亚斯高原（Planum Pytheas）距离较近。中午时分，我已经在森林树冠上方约十米处盘旋了。我穿梭在那些悬挂在树上的奇怪的气泡状漂浮球之间，突然注意到下方有一个生物，身体的一部分隐藏在树叶中。它一动不动，如果不是有微风拂过树梢，我也许就错过它了。我被迫在离它藏身处大约十米的地方停下，可即使在悬停状态下，我的悬浮锥也会把树梢吹得落叶纷飞。

这一人高的生物直挺挺地栖息在一根粗大的树枝上，手臂末端的两只匕腕在前面撑着，严阵以待。匕腕兽（我给它起了这个名字）（Daggerwrist）显然已经察觉到了我的存在，并本能地采取了这种防御性的威胁姿态。伴随着这种凶猛的姿态，它发出了间歇性的、有点聒噪的信号声。我一时冲动，决定把这声音录

> 图 13：“每只动物都开始在粗糙的树皮上打磨匕首。”

下来，用外部扬声器播放。这个实验立即得到了惊人的结果。

没有片刻犹豫，匕腕兽向我发起了攻击！它伸出长长的手臂，撑起结实的皮膜，在强壮后腿的推动下，向我迎面扑来，一下子就跃出了十米的距离。在撞击舱体表面时，它用两个弯曲的角质匕腕把自己悬挂起来：不知怎的，它竟然钩在了 15 厘米宽的槽里，这里收纳着悬浮锥的旋转式远程天线。我可以看到它的后腿在光学泡罩上抓来抓去，试图找到一个立足点把自己支撑起来，以便更好地攻击我。当它悬挂在树林上空时，我不禁为这只动物的盲目愤怒而颤抖。它究竟知不知道自己在攻击什么？

虽然我知道时间不多，但还是趁机近距离研究了匕腕兽。它长相凶猛，矫健的肌肉从脖子一直覆盖到鞭子般的尾巴，身

虽然在达尔文第四星球的森林里有许多会滑翔的食草动物，匕腕兽却是迄今为止已知的唯一会滑翔的肉食动物。任何对其翅膜的伤害都是致命的，大的撕裂会导致其无法捕猎而丧生。

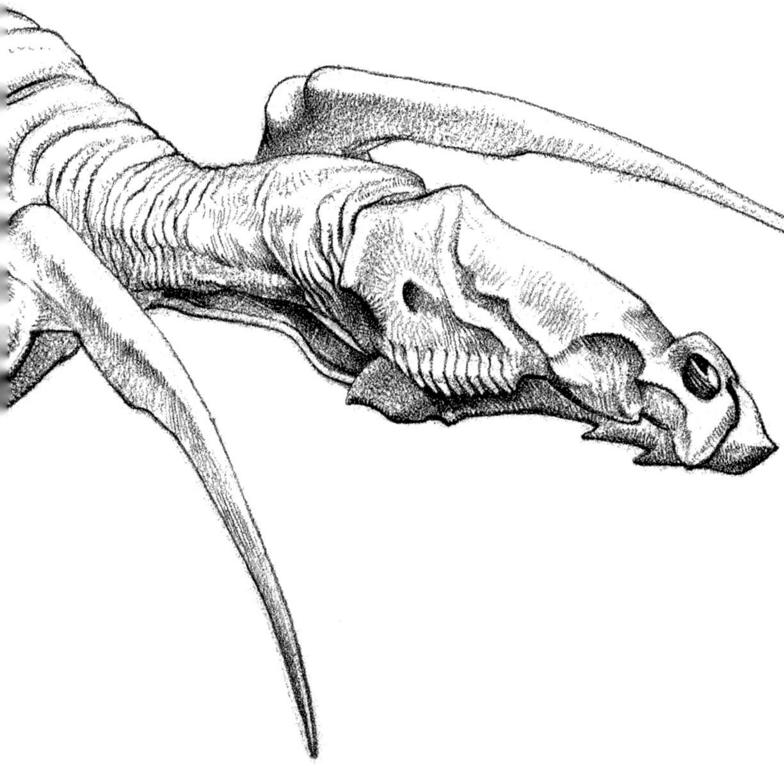

长足有两米，巨大的紫色血管在它膨胀的腹部隆起，（我确信）那里面塞满了它近期享用的大餐。

当它尽力挣扎时，它那颗瘦骨嶙峋的头颅映入了我的眼帘，我意识到，原本看起来完整的头骨和相连的下巴，实际上是两块独立的、相互没有连接的骨头。“头盖骨”显然容纳了大脑和发达的声呐接收器。带钩的“下巴”则通过三根覆盖着肌肉的粗管直接连接到胸部。在极短的一刹那，这个假颚会从“颅骨”中分离出来，并以蛇的方式蠕动和探测。这似乎是达尔文第四星球上的所有生物中最接近真正拥有功能颚的，可以看得到，当这两块碎片合在一起时，会产生一个剪刀形状，就像剃刀一般锋利地交叉。

匕腕兽看上去并没有松开悬浮锥的迹象，但我总不能让一只被激怒的动物紧紧抓住我的观察舱盘旋上一整天，于是决定做个了断。这实际上是一项比看上去更容易的任务。我按下开关，启动无线电信号搜索器，当长长的天线在其轨道上旋转时，它击中了那只动物匕腕的尖端。匕腕兽松手了，当它落下时，它打开滑翔皮膜，拱起背向后翻转，跳到了下方的树叶上。

这种特技表演甚至比攻击时的跳跃更令人印象深刻。我决定尽力跟上这个敏捷的生物。随即，我发现这比起我当初的设

ADD BABY DAGGERWRIST
LATE AFTERNOON OR DUSK LIGHT
EXTEND LEFT SIDE

改变一下飞兽的方向 再画一个月亮？天空渐变

IN TREE?

在树上？

CHANGE DIRECTION OF FLYER
ADD MOONS? SKY GRADED

再画一只小匕腕兽，在傍晚或是黄昏的光线下，
扩展画面左侧

想更具挑战，因为匕腕兽一直在树间上蹿下跳。

此外，许多半透明的漂浮球在树上的微风中晃动，它们的运动轨迹飘忽不定，这使我的通行更加困难。我多次以为已经在树叶中跟丢了匕腕兽，但幸运的是，斑皮树的树冠上部比较稀疏，而且由于几乎从未与动物们失去红外接触，因此最终我还是设法跟上了它们的脚步。

逃跑的匕腕兽不时地停下来，在树枝上转来转去，在枝叶之间摆出威慑的姿态，妄图甩掉我的追踪。然而，我并没有那么容易气馁，最终我们来到了一处空旷的地方，周围环绕着巨大而中空的斑皮树。在这里，有十几只甚至更多只匕腕兽以完全相同的威慑姿态栖息在树枝上，这些树枝一直延伸至森林低层的暗处。在大约三十米以下森林底层的黑暗中，我只能勉强辨认出它们的红色生物光。

我把悬浮锥停在那里，看着匕腕兽们以令人难以置信的速度爬到最上面的树枝上。一些用它们的钩状“手”在树枝间摆

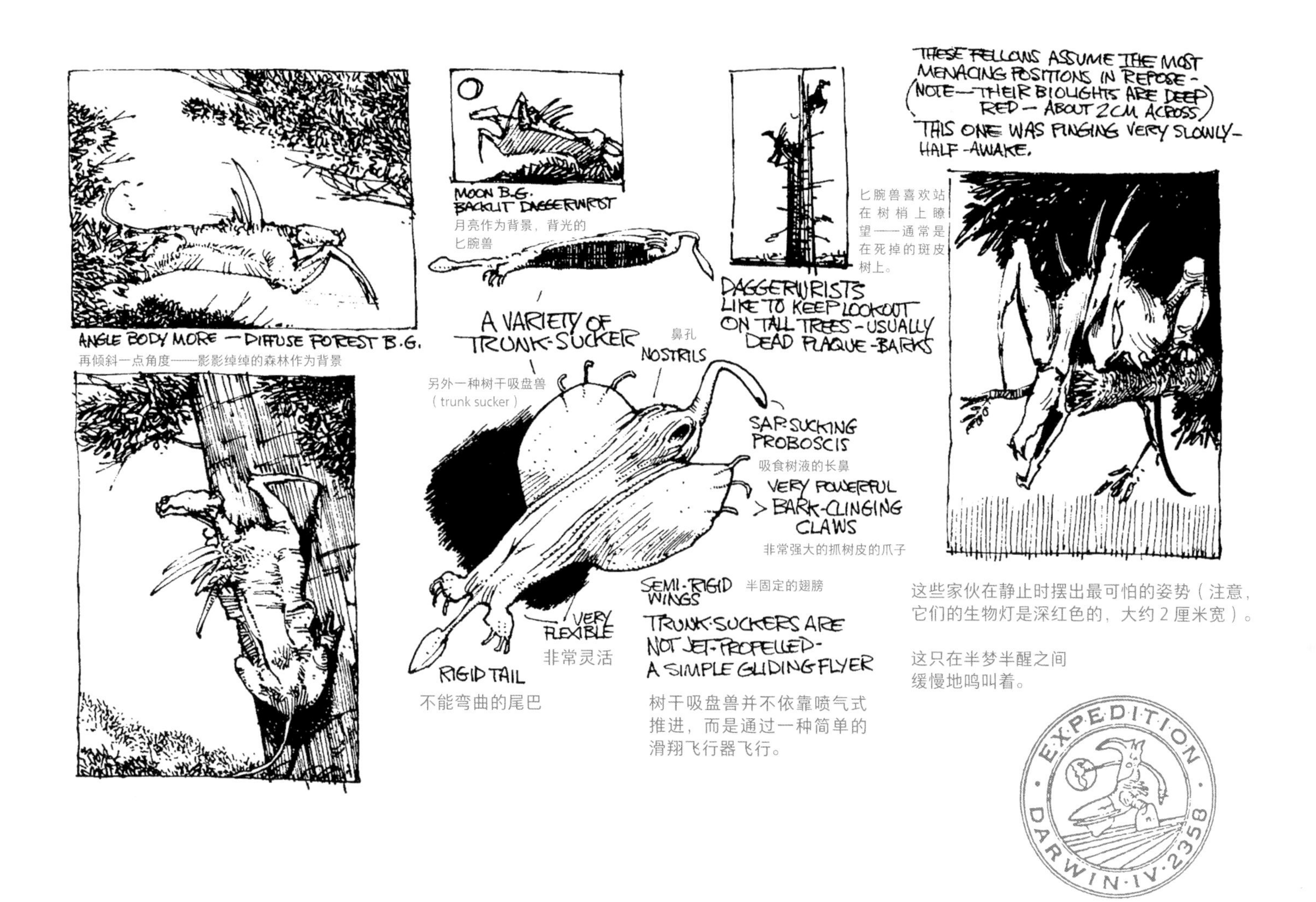

ANGLE BODY MORE — DIFFUSE FOREST B.G.
再倾斜一点角度——影影绰绰的森林作为背景
MOON B.G.
BACKLIT DAGGERWRIST
月亮作为背景，背光的匕腕兽
A VARIETY OF TRUNK-SUCKER
另外一种树干吸盘兽（trunk sucker）
鼻孔
NOSTRILS
SAP-SUCKING PROBOSCIS
吸食树液的长鼻
VERY POWERFUL BARK-CLINGING CLAWS
非常强大的抓树皮的爪子
SEMI-RIGID WINGS
半固定的翅膀
VERY FLEXIBLE
非常灵活
RIGID TAIL
不能弯曲的尾巴
TRUNK-SUCKERS ARE NOT JET-PROPELLED- A SIMPLE GLIDING FLYER
树干吸盘兽并不依靠喷气式推进，而是通过一种简单的滑翔飞行器飞行。
匕腕兽喜欢站在树梢上瞭望——通常是在死掉的斑皮树上。
DAGGERWRISTS LIKE TO KEEP LOOKOUT ON TALL TREES - USUALLY DEAD PLAQUE-BARKS
THESE FELLOWS ASSUME THE MOST MENACING POSITIONS IN REPOSE - (NOTE — THEIR BIOLIGHTS ARE DEEP RED — ABOUT 2CM ACROSS)
THIS ONE WAS PINGING VERY SLOWLY - HALF-AWAKE.
这些家伙在静止时摆出最可怕的姿势（注意，它们的生物灯是深红色的，大约2厘米宽）。
这只在半梦半醒之间缓慢地鸣叫着。
EXPEDITION
DARWIN·IV·2358

动，而另一些则将钩状“手”插入树干，像用钉子一样攀爬。它们的攀登能力确实令人震惊，不到一分钟就把我包围在一个“礼貌”的距离内，小心翼翼地避开了悬浮锥的扇形冲击区域，我先前正在追踪的“伙计”，因为它胸前横七竖八的细小伤疤而被我命名为“刀疤胸”，此刻，已经恢复了一些平静。它镇定地打量着我，一边用它的声呐探测，一边来回摇晃着头。我猜想，它在自己的地盘上感到更安全，因为周围都是它的同胞。

我想再花一些时间观察匕腕兽，所以打电话给“轨道之星”提出申请。申请获批了，当然也同时收到了通常就会附带的关于禁止直接接触的警告和限制条款。（鉴于我与这个物种初次见面的特殊经历，我觉得那些限制恐怕只能当成笑话。如果我的观察对象像我希望见到它们一样渴望见到我，那就不能怪我了！）

这群匕腕兽在采取行动之前，肯定已经坐在那里研究了我将近一个小时。然后，正如我所预料的那样，“刀疤胸”是第一个对我失去兴趣的，它从栖息的地方下来，消失在树叶里。那时我就猜想，它才是真正把控了领导地

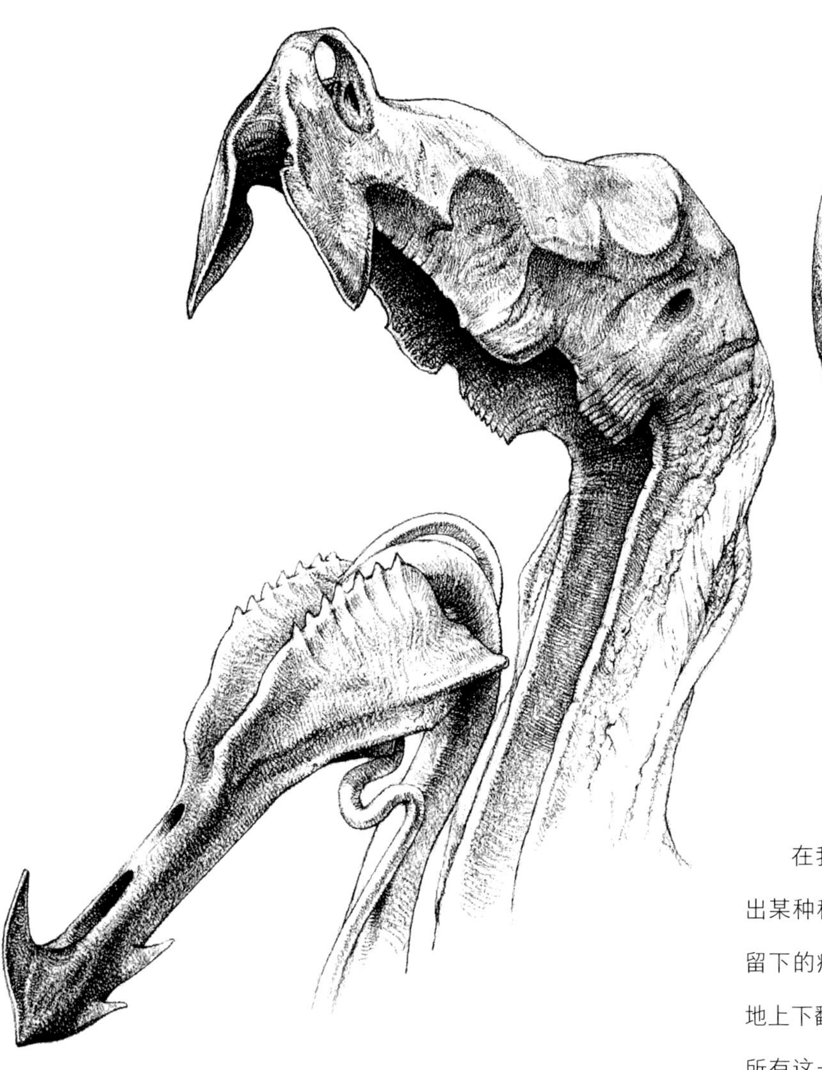

位的家伙。这只动物的体形比它的大多数同伴都要大，而且看起来更老，但让我得出结论的不仅仅是这些身体特征。当“刀疤胸”走近时，其他匕腕兽似乎都是一副战战兢兢的样子，我开始怀疑为什么这只动物有如此大的影响力。

随着“刀疤胸”的离开，兽群放松了下来，如我推测的一样恢复了正常活动。每个生物都开始在粗糙的树皮上打磨它们的匕首，时不时发出几声刺耳的刮擦声。这时，我又开始为一些有明显身体特征的个体起名字——弯尾、断刀、裂刺、歪脖子，等等。

在我给它们命名时，我开始意识到，几乎每个个体都呈现出某种程度的身体损伤。我很难相信这么多的伤疤仅仅是摔伤留下的痕迹，尤其是在我看到这些生物在树枝上如此轻松自如地上下翻飞之后。此外，许多伤疤似乎都是由刺伤和切伤造成的。所有这一切使我推断，匕腕兽是一个相当好斗的物种，它们的伤口是仪式性战斗的结果。那时候，我还不知道我即将目睹这样一场战斗。

它们排成排，环绕着被闪电炸毁的树枝，围成一圈。那些树枝就是它们日常栖息的家园，通过这种方式，匕腕兽们就能轻易地防范不速之客。任何树枝的断裂都会引起这些生物高度紧张，任何树枝的断裂声都会引起它们的注意，这些中断很少是由真正的威胁造成的，兽群只需极短的时间就会恢复原样。

这两张头部科学速写图显示了其复杂的颌骨界面以及头骨的两个独立部分。肌肉发达的管子专门用来移动和推动带刺的下颚。其余的细管将消化液泵入和泵出下颚。

在我到达后大约两个小时，我听到了一只匕腕兽接近巢穴树时的信号音。这时，许多动物已经退到了斑皮古树的空心树干里，蜷缩着休息。当新来者的声呐扫过这个区域时，它们从树干上无数一米宽的树洞里伸出头来探视。有些匕腕兽爬了出来，在树枝上站定，而另一些则继续打瞌睡。“刀疤胸”从树丛中走出来，爬到高处，观察着周围由树叶围成的圆形竞技场。这个强健的家伙似乎正满心期待着什么，开始打磨自己狭长的匕首。

几分钟后，走近的匕腕兽出现在视野中，它在空地边缘犹豫了一阵，然后在一根虬枝上坐定。它和“刀疤胸”一样身形巨大，头部有一个深长的缺口，显然是在一场战斗中留下的旧伤。它也开始“磨刀霍霍”了。

当其他匕腕兽如“弯尾”和“粗背”都出来围观的时候，“刀疤胸”也显得越来越暴怒。这个新来的家伙（我命名为“裂头”）抬起后腿，张开皮膜，窜到离“刀疤胸”更近的一根树枝上。这一举动对我的老朋友来说实在是太过挑衅了。

“刀疤胸”发出一声尖锐的信号音，伸出匕腕，俯冲向对手高高挺起的身躯，将“裂头”撞到另一根更低的树枝。我之前肯定是低估了匕腕的实际穿透力，当它俩分开时，我惊讶地看到两股“血喷泉”从“裂头”脖子两侧的小动脉喷涌而出。

“刀疤胸”已经准备好进行第二次攻击了。“裂头”痛苦地晃动着脑袋，从一根树枝滑向另一根树枝，一路向下跌落。“刀疤胸”估摸好了下一次攻击，如标枪一样朝着它那踉踉跄跄的对手猛冲过去。但这一次，它没有攻击咽喉，而是将匕腕深深地插进“裂头”已经血肉模糊的脖子两侧，并保持着这一姿势。几乎同时，它用两只“下巴”在受害者的手臂下撕出一个丑陋的破洞。紧接着，“刀疤胸”将带钩状的进食颚插入那个破洞，锚定，随后将消化液泵入垂死的“裂头”的胸腔。

在接下来的 20 分钟里，伴随着匕腕兽们狂热的信号声和狂欢般的上蹿下跳，“刀疤胸”开始呼呼作响地从其猎物身上吸食液化的内脏。其他动物似乎被这种进食表演所扰动，试探性地对进食的匕腕兽进行模拟攻击。然而，每一次攻击都被发出一连串不详低频信号音的“刀疤胸”粗暴地阻止。

随着这一幕的展开，我意识到对匕腕兽来说，这种进食方式可能并不罕见。只是我对这些生物还不够熟悉，无法做出判断。我对这些反常行为所掌握的唯一线索，就是暴怒的“刀疤胸”和兽群对它的敌意。

不过，那天晚些时候，我确实观察到其他匕腕兽并不吃自己的同类，而是更喜欢吃吸树兽——一种圆胖的小型滑翔动物，它们从一棵树飞到另一棵树，利用具有强大吸附力的器官把自己吸附在树上。一旦附着在树干上，吸树兽便不可能轻易地被匕腕兽们清除。狩猎者需要用它们打磨过的匕腕或是下颚，把猎物勾在翼下，然后就是这两个物种之间的生存之战。

我被灌于一种印象，认为“刀疤胸”的行为是反常的。我提出了一些可能的假设，包括该生物神精错乱，或是基于环境因素而产生的需求，抑或是为了提高它自己在伙伴中的社会地位。无论出于什么原因，兽群似乎对这种令人厌恶的结果感到非常的不爽。

我观察了匕腕兽好几天，画下了它们静止和战斗的各种姿态。它们是一个精力充沛的物种，习性生动有趣。在纯粹的审美层面上，我也对它们很感兴趣，它们怪异的外表在我内心深处引发了一系列反应，我发现自己甚至在它们不在身边的时候也在画它们。

在我观察匕腕兽的第四天，发生了一件不寻常的事。我跟随兽群追寻森林外围的一群吸树兽。我再次惊叹于它们对森林的高度自信，因为它们在树丫间摆动，然后仅在林间滑行。没有任何东西阻碍它们的前进，它们在五分钟内就走完了整整一千米的路程，考虑到树叶的密度，这是很了不起的。

领头的“刀疤胸”表示（用我已经习惯的信号音）猎物就在附近。兽群静静地围着吸树兽的栖息地转了一圈，为接下来的伏击做准备。每个匕腕兽将各自为战，除了第一次突然袭击外，几乎没有任何团队合作。

我怀疑“刀疤胸”已经饥渴难耐了，自从蚕食同类的事件发生之后不到四天，这只怪物一直没有进食。奇怪的是，它的肚子似乎还在消化最后一餐，因为它的肚子仍然怪异地突出着。经过思考，我意识到“刀疤胸”在那顿饭中摄入的液体量至少是其他匕腕兽平时的三倍以上。

> 图 14：“猎手有必要在翅膀上钩住它们。”

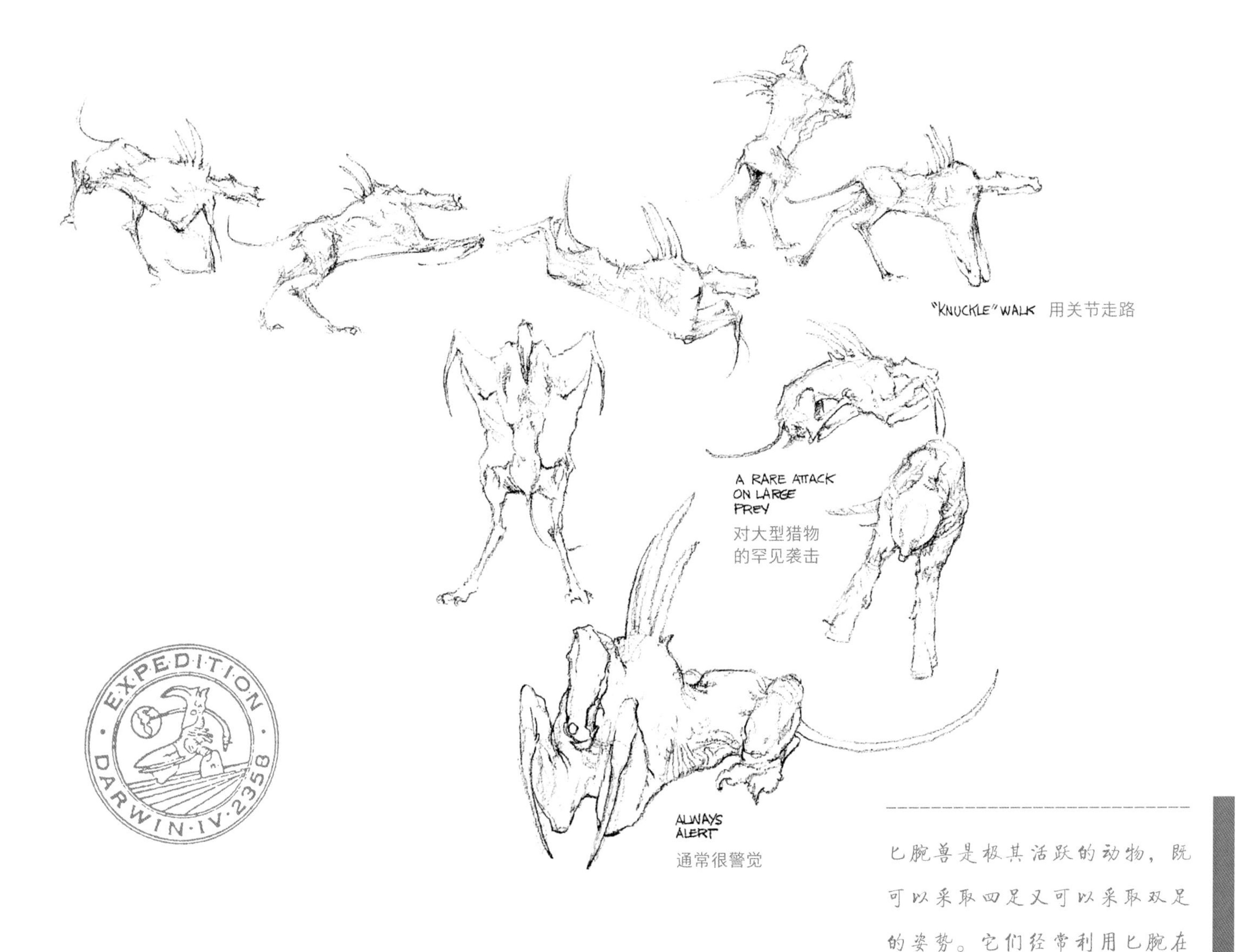

匕腕兽是极其活跃的动物，既可以采取四足又可以采取双足的姿势。它们经常利用匕腕在树枝上悬挂和摆动。

当“弯尾”与“刀疤胸”并肩而行时，我可以感觉到后者的态度突然转变了。另一只匕腕兽的接近显然引发了同样无法遏制的渴望，而这种渴望已被证明是“裂头”被杀死的原因。在一个令人难以置信的快速行动中，“刀疤胸”砍掉了“弯尾”的头，只留下下颚与躯干相连。这只动物的无头之躯痉挛了一下，随后向前倾倒，一路穿过断裂的树枝向地面坠去。“刀疤胸”准备跟上，估计是要再次进食，突然，吸树兽们受惊的身体和翅膀在一阵骚动中腾空而起。猎物消失了，埋伏被破坏了，匕腕兽们把注意力转向了“刀疤胸”。

四散逃跑的树吸兽引发了一片混乱，在混乱中，“刀疤胸”的声呐被有效地干扰了。这家伙搞不清楚受害者的尸体落在了哪里。随着它越来越沮丧，它开始在树枝上愤怒地摇晃。

现在，匕腕兽群已经在“刀疤胸”周围围成了一个紧密的圆圈。有那么一会儿，它们一动不动——然后，仿佛是串通好了一般，它们如暴风骤雨般对那只暴怒中的家伙发起了致命的攻击。在这个过程中，它们渐渐把它翻倒在地，仰面朝天，那只匕腕兽摊开双臂，奄奄一息，开始抽搐。这一幕让我不忍目睹，似乎只是一场漫长死亡的开始。虽然我也觉得某种正义得到了伸张，但那只动物的痛苦挣扎却无法令人感到愉快。我想，兽群肯定是从这起事件里获得了某种报复性的满足。然而，我简直是错得不能再错了。

一只红色的匕腕兽，我称之为“长刃”，跃上树枝，爬到这只垂死凶兽正上方的位置。它以近乎外科手术般的精准度，从裆部到胸骨，割开了“刀疤胸”膨胀的肚皮。我几乎要窒息了，但随后，令我大吃一惊的是，一个血淋淋的小匕腕兽弹了出来。它颤抖着，一副茫然的样子，但显然是活着的，而且很健康。它跳到“长刃”背上，把它柔软的尚未成形的匕腕轻轻插入“长刃”褶皱的皮肤里，使出浑身解数紧紧抓住“长刃”。随后，“长刃”转身消失在了森林里。

我大受震惊，以至于无法跟随它们的脚步。相反，我决定留在原地，在森林上空盘旋，思考着这始料未及的一切。我甚至从未设想过“刀疤胸”同类相食的行为可能正是由于怀孕而导致的。我盘旋在树顶之上，看着温柔的风拂过树梢，午后的阳光将我脚下的叶海染成了一片光亮的古铜色。

鳍啮鲷

FINNED SNAPPER

这种精致的捕食者，有着优雅的 V 形翼型身体和流线型的腿，以惊人的速度猎食它的主要猎物——喷射镖鲈兽。鳍啮鲷生活在达尔文第四星球的袖珍森林边缘，在那里很容易找到喷射镖鲈兽的巢穴。它们是合作性的捕食者，经常以六只或八只一组的方式狩猎。

鳍啮鲷能够在其单一的、有关节的狩猎臂上刺穿多达六只飞兽。这条手臂可以延伸到两米左右，速度非常快，以至于它在出击的瞬间几乎消失了。它的动作也很敏捷，我看到一条鲷鱼花了大约 10 分钟的时间，把一只掉落的喷射镖鲈兽从一个看上去几乎无法接近的缝隙中弄出来。

鳍啮鲷头部前方的格栅可以将空气（以及气味）引入躯干的鳍状部分，然后，空气被压入尾鳍后缘的小排气孔，这样一来，该生物在奔跑时就能轻盈地滑行了，有时，我甚至怀疑它的脚部是否真的触到了地面。

在我早期探索的一个晚上，我与一条鳍啮鲷发生了不幸的意外。它在赫汀湖（Lacus Hedin）附近一段干涸的河床上追赶

图 15：“这条手臂的速度极快，以至于它出击的瞬间几乎消失了。”

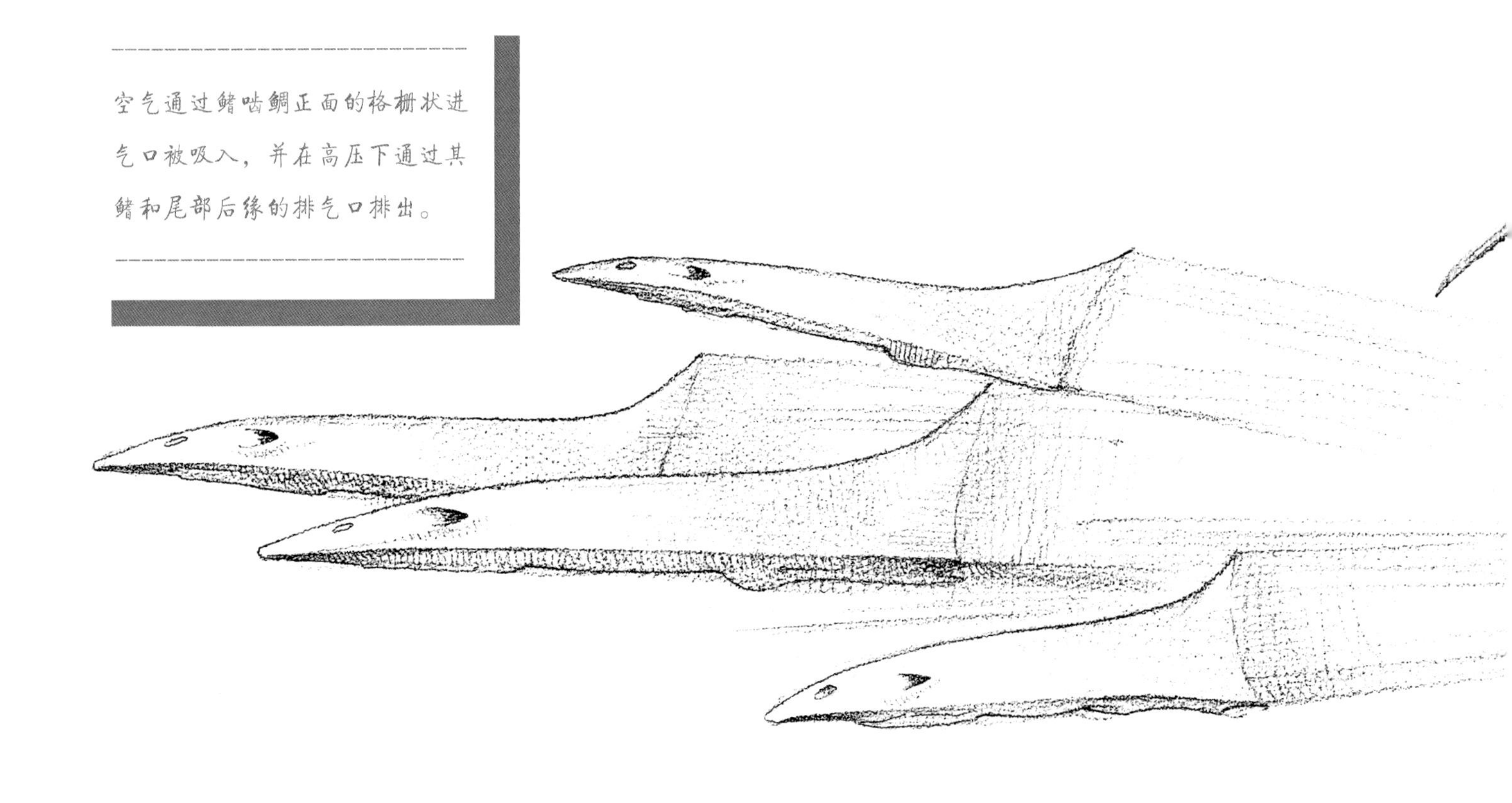

空气通过鳍啮鲷正面的格栅状进气口被吸入，并在高压下通过其鳍和尾部后缘的排气口排出。

几只喷射镖鲈兽，并向镖鲈兽四个多面体的巢穴走去。我跟在后面，但当我追上去的时候，竟越过了我所跟踪的目标，我急刹车，可刹车引起的气流漩涡鳍啮鲷掀得翻滚起来。它轻盈的身体被吹出十几米远，我知道它肯定是受了伤。

当我终于调过身来回头看的时候，我发现情况比我担心的还要糟糕。鳍啮鲷其中一条轻盈的腿被折断了，正一瘸一拐地走来走去，我知道它一定很痛。气流涡旋还毁掉了其中一个巢穴，一群喷射镖鲈兽正争先恐后地骚扰着断腿的鳍啮鲷，俯冲到它身上啄食。

这个生物越来越心烦意乱，它的痛苦和恐惧清晰可见。我惊恐地看着它沉下去，倒下了。我徘徊着，意识到我就是这场悲剧的始作俑者。然而，无论我怎么祈祷，都无法使这个生物重新站起来，我很内疚，它很快就断气了，也许它还受了内伤。我唯一希望的是，这只鳍啮鲷或已年迈体衰，而我只不过是加速了它的死亡。我带着巨大的负罪感离开了那个地方。

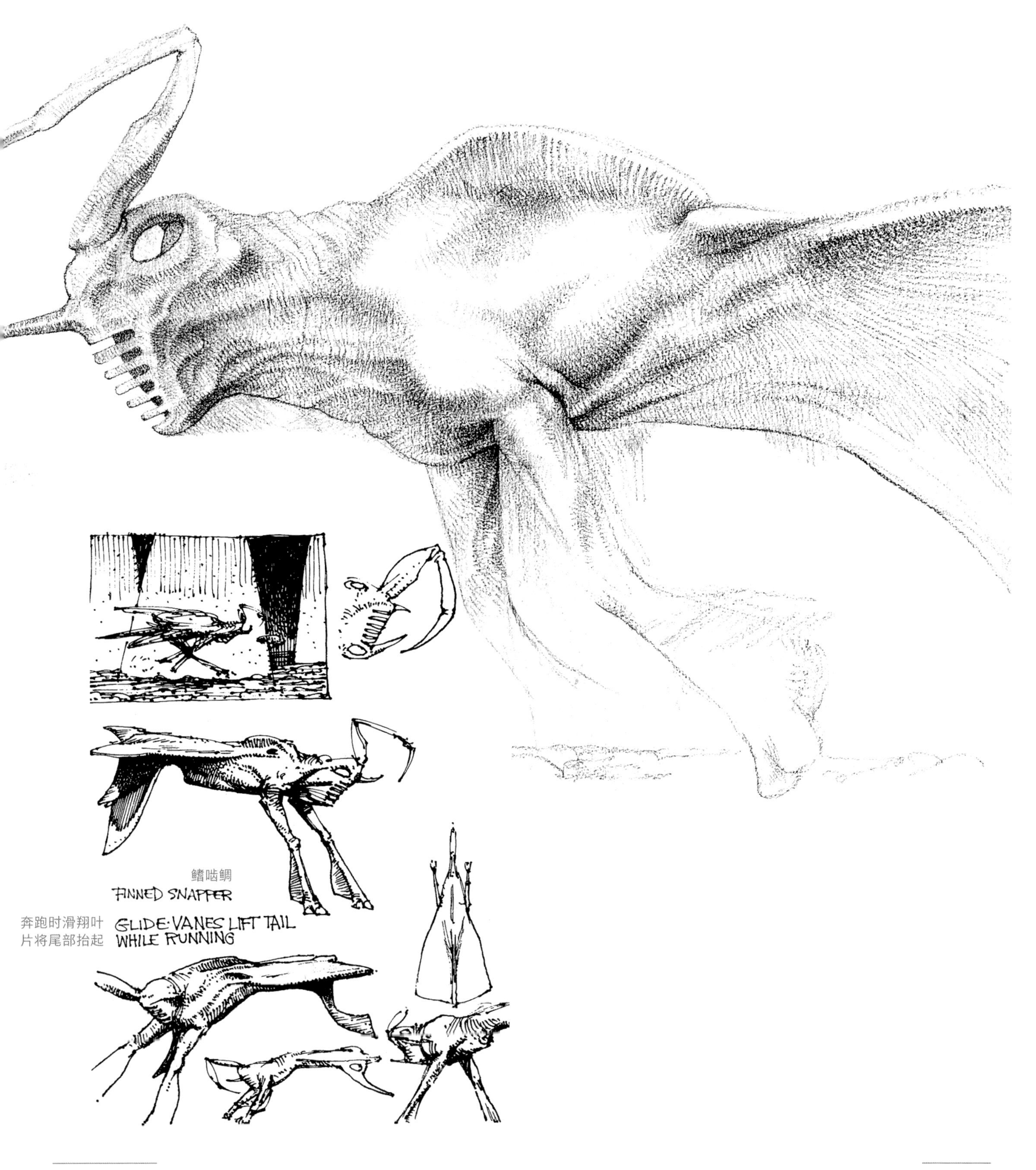
鳍啮鲷
FINNED SNAPPER
奔跑时滑翔叶片将尾部抬起
GLIDE-VANES LIFT TAIL WHILE RUNNING

> 图 16：“海”上风暴。

阿米巴变形海和沿岸地区

THE AMOEBIC SEA AND LITTORAL ZONE

囊背兽

SAC-BACK

一天，在我停留在达尔文第四号星球的旅程将近过半的时候，我收到了来自“轨道之星”控制中心发来的指令：它要求我尝试去探测这颗星球地表上的一片巨大的名为阿米巴变形海的区域。那还是一片处女地，从来没有探险队员去过北部地区那么远的地方。我收到的指令（或许也可以被称为客气的书面请求）是一路向北，直至抵达“海”的边缘，然后长驱直入，进入“海”的中心地带。这条指令显得很有紧迫感，之后我发现伊玛人对 15 年前人造卫星拍摄到的巨型生物有着特别的兴趣。

我一边听着普罗科菲耶夫第五交响曲吃午饭，一边读着发给我的“指令”。我之前一直在探测的荒原日益显得单调乏味，这使我急切地盼望着眼前的风景能有些变化。有时候，如果不是导航电脑确认我的位置确有移动，我会怀疑自己一直在原地打转。

午饭过后，我打开了导航坐标，输入了我的新目的地。瞬间，Yzar 涡轮风扇便以极快的速度载着我穿越了沙漠。条纹状的台地让位于草原，继续深入，立刻就来到了“海”周围的区域。

图 17：“这是在一个似乎充满凶残的世界里难得的温柔时刻。”

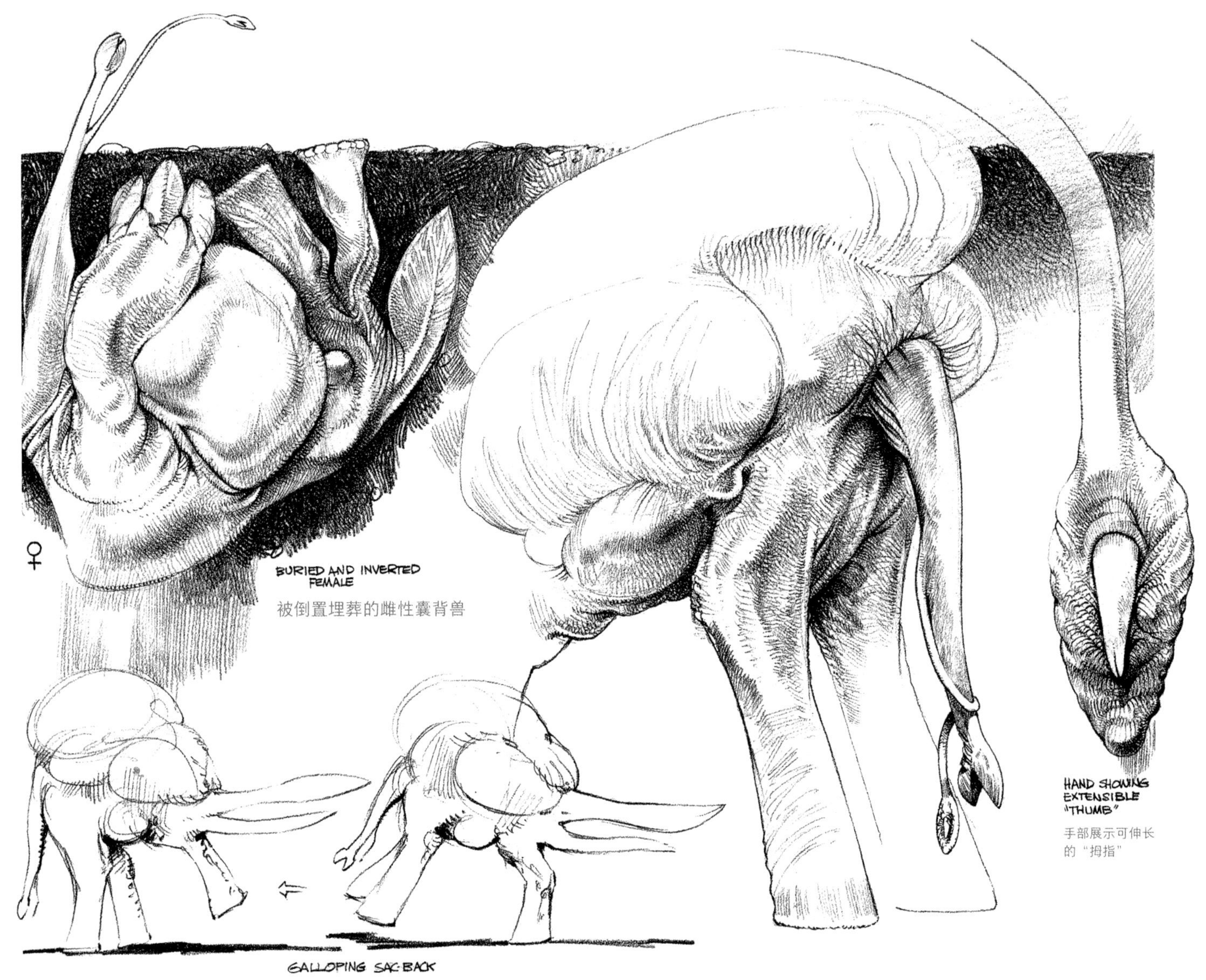

被倒置埋葬的雌性囊背兽

手部展示可伸长的“拇指”

奔跑中的囊背兽

幸运的是，我刚一抵达“海”的凸起边缘，一些奇怪的东西就吸引了我的注意力。我放慢速度，在距离海面上方约 10 米处盘旋。

在我下方，平坦的海滩表面支出来六个芽状物。它们是一米高的半刚性茎，上面有角质的喙状“嘴”，每个“嘴”都定期打开，吐出一团蒸汽。毗邻每根茎的是一个更细、更灵活的触手，它在不断地运动。每条触手的末端都有一只宽大、扁平的手，我认为这只手看起来相当灵活。

雌性囊背兽（左）和雄性囊背兽在外形上相似，但生活方式完全不同。雄性囊背兽在沿海地带觅食，雌性则是挖一个“坟墓”，把自己埋在地下以获取食物。一旦进入地下，它就再也不会出现在阳光下了。

我的美学“雷达”被这个超现实的场景激活了，我频繁地瞟着座舱顶部的精密计时器，开始写生。我一边画一边想：这些生物在地面以下是什么样子的？我放下铅笔，用红外扫描仪对埋在地下的奥秘进行扫描。不幸的是，最近刚下过雨，这些生物被淹没在潮湿、冰冷的土壤中，它们的热成像图在我的屏幕上模糊不清。

我花了两个小时观察这些茎状物，希望能发现一些关于它们完整形态的线索。茎秆抽动，“嘴巴”张开，手臂偶尔会把一些毫无戒备的小动物弹到嘴里，我能看到的仅此而已。

失望之余，我准备继续我的“海”之旅。好在幸运之神与我同在，就在准备输入航线时，我听到一阵低频信号声。我转过身去，看到有什么东西正沿着海滩向我走来。那是一个笨重的红色生物，有茎、有嘴、有触角，这与我在过去两小时里画的那些东西极其相似。我给这只野兽取名为“囊背兽”（Sac-back），因为在它宽大的背上有一个透明的囊袋，里面装着无色的液体。每走一步，这个囊就会摇晃一下，喙状的嘴里便会喷出水汽。这只动物似乎是在沉重的负担下努力工作。

我着迷地看着眼前这个笨拙的动物缓慢地将自己挪到一根茎的上方，站定。这头巨兽对准下方的茎伸出了自己的茎，两只“手”以最轻柔的方式彼此轻触，仿佛在互相问候、轻抚、紧紧握住对方。我被感动了，在这个残酷似乎才是生存准则的世界上，这一刻的温柔显得十分稀有。我想起了我的妻子，我们之间隔着难以想象的距离，我好想她！

双手紧握后，囊背兽变换了一个位置，使其喙部位于茎部上方。对准时，两张嘴都张开了，这个大型生物将一股透明的液体倒入下面等待的嘴里。（后来的调查证明，这种液体是被分解的“海”的物质。）这花了大约三分钟时间。在囊背兽排空背囊的整个过程中，它一直在一阵阵的痉挛中蠕动着。

当背囊完全排空之后，两张嘴齐齐闭合上了。两只手又开始了长达 10 分钟的轻触。然后我注意到囊背兽扁平的尾巴在地面上活动着，形成了一个凹陷，我想我瞥见那里面有一根闪闪发亮的管子。在这一刻，我断定这只可以自由行动的囊背兽是雄性，因为它巨大的阴茎蜿蜒而出，探入了圆形的凹陷中。这个器官与我在达尔文第四星球上看到的标准性器官完全不同：它是一个固定管子，而不是大多数动物所拥有的那种可以灵活延展的管子。更重要的是，它似乎切实地证明了这个物种中存在两种性别。

囊背兽在沉默中与它看不见的伴侣进行着交配，这个过程持续了大约 15 分钟，与此同时我疯狂地画着草图。我还联系了

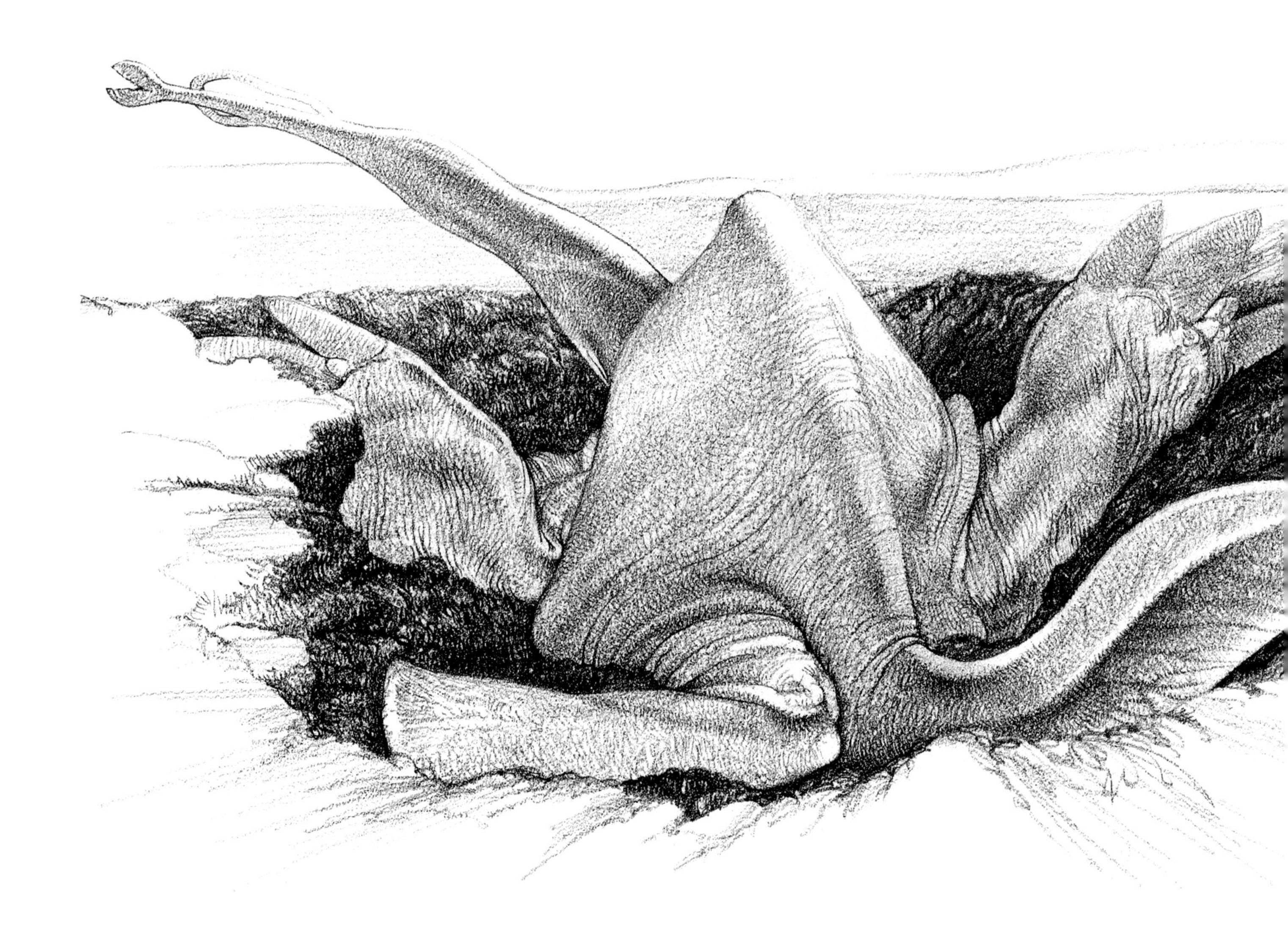

“轨道之星”的控制中心来解释此刻我为什么没有进入“海”的腹地。不过，轨道飞船上没人对此表示异议，我被告知尽可以花时间来可以完成自己的观测。

努力一番之后，囊背兽缩回了它松弛的器官，蜷缩着身子，小心翼翼地避免压碎突出的茎。它那布满褶皱的身体起伏不定，从喘着粗气的嘴里呼出大团的水汽。这只动物逐渐安静下来，一动不动地待了大约两个小时。我猜它在打瞌睡。当然，这是我梦寐以求的最好的描画动物的机会，我充分利用了这个机会。

这个生物醒来后站了起来，肌肉颤抖着伸展。我几乎能听到它的关节弹回原位的声音。可以预料的是，它移到了下一个树枝上，在接下来的半个小时里，重复着它的表演，毫无变化。

两个小时以后，黄昏降临，天空逐渐变成粉色。这头囊背兽还在辛勤地与第三头雌兽交配。我不准备在黑暗中闯入一片陌生的未知生物群落，因此索性安顿下来，在夜里继续观察。

在接下来的 6 个小时里，囊背兽又与余下的 3 只被淹没的

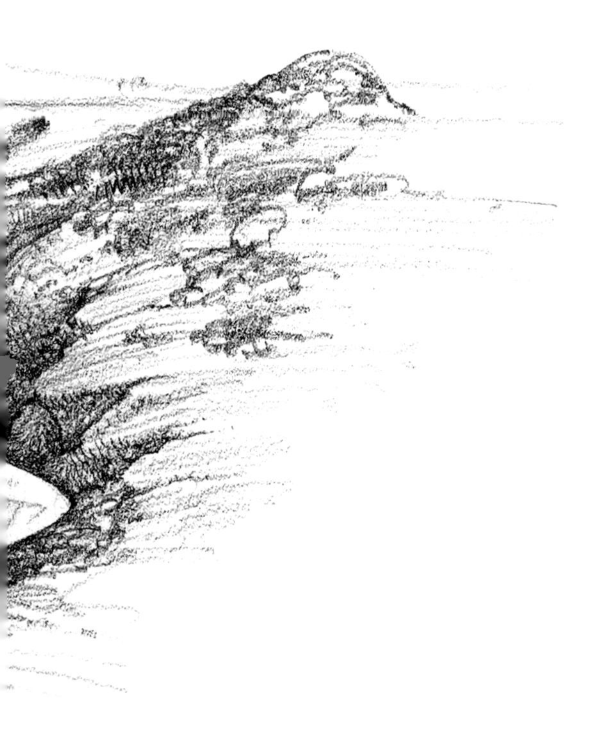

雌性囊背兽从未被看到过，这就是我对这种余生都在地下洞穴里度过的动物的印象。

雌性进行了交配。天色完全暗下来时，我看到它的生物光发出了柔和的生物光。当我看着这只生物最终在黑暗中徘徊时，再次想知道那些埋在潮湿土壤中的孤独生物是否曾经出现在地面之上，抑或它们的整个生命周期都在地下度过？它们又是什么样子的呢？

想要得到这些问题的答案仍需等待，黎明时分，我发现自己在一片尚未被探索过的旷阔的生物群落中奔驰，这就是达尔文第四星球上活着的“海”。

几周以后，我返回了囊背兽交配的地点，让我高兴的是，地面足够干燥，可以准确地观测地下的情况。在明显的双重生命体观测信号中，我得知 6 只囊背兽中的 4 只已经怀孕。不过，某种未知的灾难夺走了其中一头的生命，当我进一步观察时，发现它突出的口腔茎部已经变得干瘪了。

我的观测也让我对雌性囊背兽的外观有了概念——这个印象被后来发现的一只死去的雌兽所证实，它是被一个很有好奇心的捕食者从巢穴里挖出来的。被掩埋的动物与雄性同类相似，但也有一些显著区别：雌性体形更长，有可以挖掘的鳍形肢而不是柱状的腿；它们也没有雄性动物背上的那个难看的囊袋。鳍形肢显然使这些动物能够挖掘它们占据的“活墓”。我试着想象这些笨重的生物在挖完洞后仰面翻滚，用泥土覆盖自己的样子，因为它们一生中大部分时间都是以这种姿势生活。压实周围的泥土时，它们只有倒置的口腔茎仍然突出地面——像一个散热的烟囱，同时也作为吸引雄性同类的信标。

奇怪的是，在我们停留在达尔文第四星球的剩余一年半时间里，这些雌性动物从未分娩过。我们的最后一次探测显示，它们的妊娠进程看起来很顺利，我们只能推测它们的妊娠期相当漫长。

帝王海步巨兽

EMPEROR SEA STRIDER

在我遇到囊背兽的第二天，我开始探索广阔的阿米巴变形海，希望能遇到我们在卫星图像 848.28 中看到的生物。不过，想要避开这样的庞然大物及其同类似乎也是不可能的事。

后来我才意识到，选择在这天开始这项工作实在不算明智：云层在夜间越积越厚，直到上午天色还是很阴沉。我打开机舱灯进行系统检查，在导航电脑上设置航线，并且在倾斜的玻璃穹顶上打开了我的 HUD（平视显示器），又把悬浮锥从“悬停”状态中唤醒。我出发了，下方是阿米巴变形海暗淡无光的表面。事实上，这些物质既不是阿米巴变形虫，又不是海，只不过，那些熟悉的术语可以在我们面对极其陌生的东西时，带来一些熟悉感，让我们自己感到舒服一点。达尔文第四星球上唯一的“海”事实上更像传统意义上的沙漠，此处的降水极少，严酷而荒凉。然而，这里存活着大量生命体，主要是在外膜以下的区域。在外膜橡胶状的表面下，数量多到难以想象的共生生物生活在基质聚落中，以一种几乎是独占的方式满足其需求。我向下看时，可以看到层层叠叠悬浮在胶质中的发光生物，它们的大小和形状各不相同，如果对其进行编目，估计要花上一辈子的时间。

图 18：“自然界中几乎没有任何力量能撼动这样的生物。”

帝王海步巨兽在幼崽阶段还不是双足动物。下方的刺状物是在飞行中起稳定作用的，随着双足逐渐发育成有强大支撑力的、可以进食的平台，刺状物便会逐渐消失。

悬浮锥行驶一小时后，我看到海岸线在身后消失了，我已经深入到了达尔文第四星球最奇怪的生物群落。下方的胶状物质似乎具有威胁性，在我的想象中，它是一个黏糊糊的、没有固定形状的实体，渴望将我和我的“小船”包裹在它胶状的怀抱里。我开始感到忐忑不安，但从理性上讲，我知道在这里的旅行和探索应该与在这颗星球的任何其他地区没有不同。随着漂浮的继续，我的疑虑逐渐减少，悬浮锥的计算机转向“海”的中心，HUD 则在座舱顶部不断显示数据流。当外星生命就在下面起伏的丘陵中滑动时，这种数据流既令人安心，又让人分心。偶尔，锯齿状的火山岩岛会出现在面前，当悬浮锥经过时，我可以看到大量微小的发光生物群落聚在岩石周围，不想被看到。虽然在黑暗中无法辨别它们的体形，但我还是用红外线记录了下来，以便日后研究。也许它们是为了躲避我的尾部气流，或者是每隔差不多 4 千米就会遇到的密密麻麻的聚成云一样的碟状飞行物。我称它们为碟形飞兽，它们的集散方式似乎暗示着某种领地模式，尽管我仍然无法确定这种领地的实际性质。有一次，我看到碟形飞兽在凝胶表面上休息，也可能是在进食。我只能猜测，4 千米宽的领地代表了这种奇怪飞兽的觅食半径。

我“停车”吃午饭，并向“轨道之星”发送了一个气象预测的请求。情况越来越糟，我预感自己将遭遇到恶劣的天气。我注视着地平线，一排排的雷云向我推进。我收到的答复嘈杂不清，直到今天都还不确定这究竟是由于空气中的电流，还是锥形器的系统故障。“轨道之星”的报告后来指出，我发送的请求也失真了。我意识到自己断了联系，又不想冒险，于是匆匆忙忙地输入了返航程序，准备离开这片海，刚按下执行按钮，我就看到一团碟形飞兽在悬浮锥周围旋转着。我苦恼地听到短暂的摩擦声——然后是一片寂静，没有核驱动旋翼的稳定嗡嗡声，我脚下的涡轮风扇显示器上也没有任何指示。相反，悬浮锥开始向下坠落，应急系统的警报声响起。虽然看起来像几分钟，但在应急系统打开垂直下降制动器之前，只过去了几秒。就像急速坠落的巨大陶瓷合金花朵上的花瓣，垂直下降制动器成功地阻止了坠落，就像急速下坠的巨大陶瓷合金花朵的花瓣，我摇摇晃晃地降落到“海”的表面。幸运的是，计算机没有启动弹射程序。

让自己平静下来之后，我开始向“轨道之星”传送坐标和援助请求。我很清楚信号可能在即将到来的风暴结束之后才被

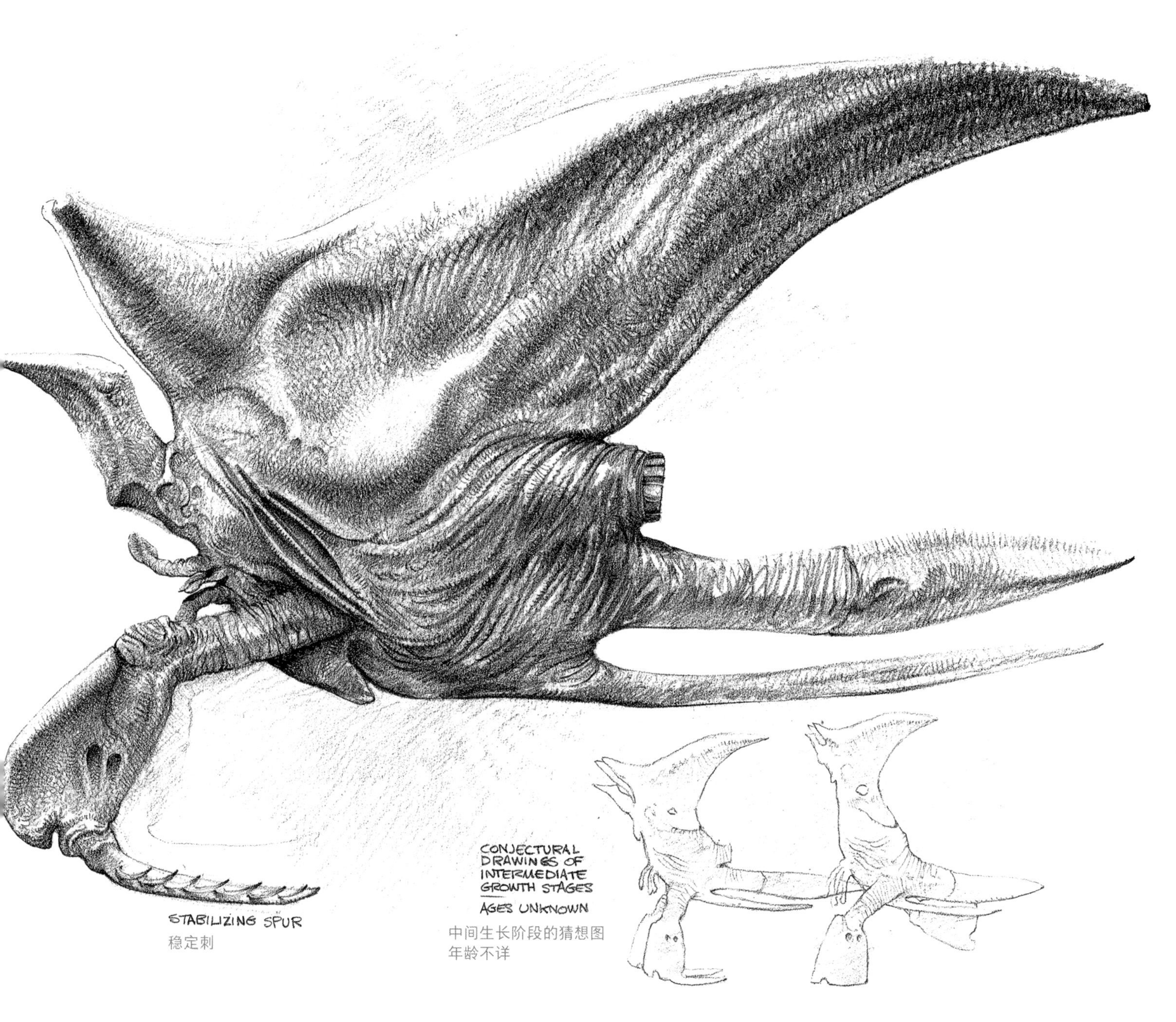

稳定刺

中间生长阶段的猜想图
年龄不详

接收到，考虑到要在此处长时间滞留，为了让自己保持愉悦的心情，我发射了一个 VAP（音视频探测舱）给自己解闷儿。在把远程飞行器送出去之前，我让它对准了悬浮锥。除了方向控制环以外，悬浮锥整个沉陷在凝胶里，黏稠的物质轻轻地吸在钛合金和陶瓷配件的表面。升上去以后，我启动了 VDB 的面板，而升到更高的位置之后，我发现了制造出这场麻烦的始作俑者：发动机的进气口被已经死亡的和垂死的碟形飞兽堵塞住了。我急于离开“海”，反倒让自己在此处滞留了更长时间。我这才明白，只有从“轨道之星”发一艘运载舱，才能把我空载回去、再次航行。

帝王海步巨兽有独特的进食足，从下面看去，每只脚的边缘都有数千颗锋利的牙齿。很幸运，我只是从远处看到了这个真实的景象。

沮丧之余，我在 VAP 中输入了一条航线，并且不无羡慕地看着那艘银色的小飞船转弯，向“海”的上空驶去。

没过几分钟，暴风雨就开始向我袭来，狂风和热雷威力惊人。

我的小船在果冻质地的“海面”上晃动着，让我直犯恶心。VAP 尽管体积很小，但是表现不错，它线条流畅且速度极快，因此一直保持着合理的直线路径。不一会儿，就冲出了层叠云，飞进一片阳光灿烂中——我知道那是我在接下来的几个小时里看不到的东西。我面前的屏幕上是一片迷人的景象。在阿米巴变形海上方大约几百米处，悬坠着巨大的凝胶球体，从背光处看，就像是填满了旋转细胞器的巨型水滴。它们从“海”表一个巨大的皱褶开口处懒洋洋地慢速向上涌动着，而更加奇妙的是那些跟随它们上升的生物。它们几乎无法形容：给我的印象是，壳质的身体、很多飞囊、巨大的下垂的手臂，还有一堆不明所以的器官组织。这些生物似乎正有计划地刺穿球状物，并插入吸食管。我放慢了 VAP 的速度，小心翼翼地转向它们。我全神贯注地观察着，以至于没有注意到闪烁的警示灯，屏幕突然变黑了，我大声咒骂起来。

暴风雨切断了我的电力系统，剩余的能量只够发出求救信号。我的 VAP 漫无目的地漂浮着，没有我的信号就无法返回，而我也确实一直没能恢复它。

风暴的强度越来越大，风速超过了 430 千米 / 时。果冻一样的“海面”震荡着、弹动着。在风暴过去之前，我一直身处黑暗之中。幸运的是，这对我来说并不是件坏事，因为一小时后，我看到了在达尔文第四星球上见过的最令人难忘的景象之一。

一阵沉闷的轰鸣声响起。好在我的音频系统完好无损，我隐隐听到了一种低沉的噪声，起初我以为那是雷鸣的回响。然而，它似乎太有规律了，不太可能是大气引起的，我再次为计算机数据丢失而发狂。可扩展地震干扰指示器与音频系统同样依靠辅助电力线运作，它突然开始记录到有节奏的振动。我把座位转向这些震动的来源，但发现视线被一块巨大的岩石岛阻挡。从我之前遭遇庞然大物树背兽的经验来看，这种地震读数很熟悉，但此刻的数据表明：这是一种体形更为庞大的生物。我确信很快就会与那个 S.I.848.28 中所述的那个备受赞誉的生物（或是它的某个同类）

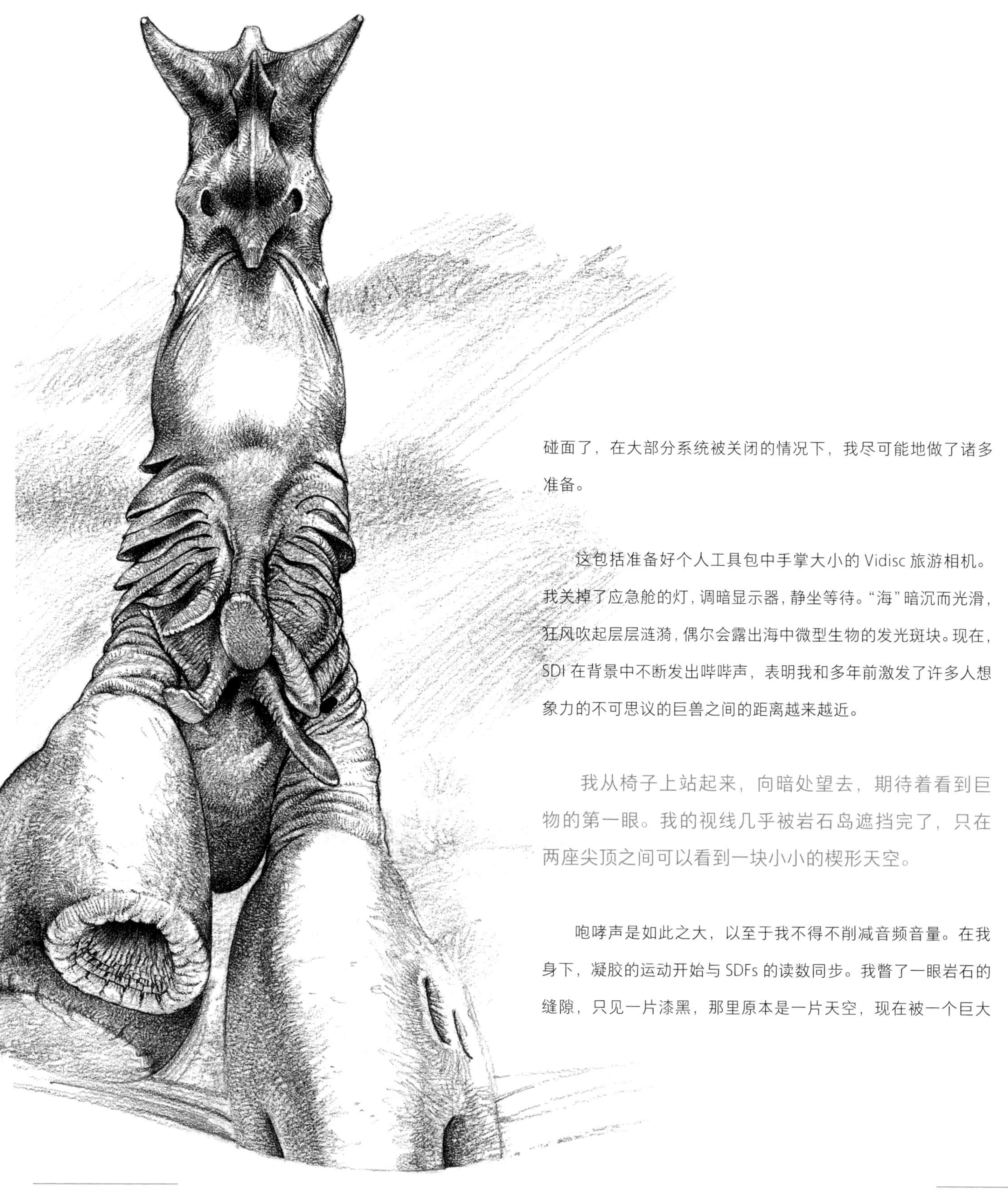

碰面了，在大部分系统被关闭的情况下，我尽可能地做了诸多准备。

这包括准备好个人工具包中手掌大小的 Vidisc 旅游相机。我关掉了应急舱的灯，调暗显示器，静坐等待。“海”暗沉而光滑，狂风吹起层层涟漪，偶尔会露出海中微型生物的发光斑块。现在，SDI 在背景中不断发出哔哔声，表明我和多年前激发了许多人想象力的不可思议的巨兽之间的距离越来越近。

我从椅子上站起来，向暗处望去，期待着看到巨物的第一眼。我的视线几乎被岩石岛遮挡完了，只在两座尖顶之间可以看到一块小小的楔形天空。

咆哮声是如此之大，以至于我不得不削减音频音量。在我身下，凝胶的运动开始与 SDFs 的读数同步。我瞥了一眼岩石的缝隙，只见一片漆黑，那里原本是一片天空，现在被一个巨大

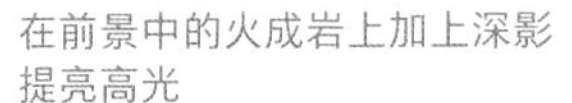
在前景中的火成岩上加上深影
提亮高光

DEEP SHADOW ON IGNEOUS PLUG IN F.G.
LIGHTNING·HIGHEST WHITE

UNKNOWN FLOATER
未知漂浮物

极度疲惫

RAIN B.G. —— SEA WET & SHINY, VERY REFECTIVE
MAYBE LIGHTNING

雨天背景——海面潮湿闪亮，强烈反光，
也许再加一些闪电。

的移动体取代了。当我摸索着寻找 Vidisc 时，这个庞然大物清除了突出的岩石，或者更正确地说，是跨过了它。我被这头宏伟动物的体形彻底震撼了。之前是岩石替我消除了它的脚步带来的影响，而此时，在没有保护的情况下，悬浮锥在橡胶表面可怕地晃动着。不知怎么的，我就抓起相机开始拍摄。这的确是一种奇怪的动物，正是它的存在促成了探险队的成立。它巨大的头顶被闪电舔过；它的身躯在强烈的暴风中被吹得摇摇晃晃，两侧身体因为奋力前进而起伏，被大风吹拂；我意识到，自然界中几乎没有任何力量可以影响这样一种生物。

这只庞大的双足动物的咆哮声响彻云霄，就连悬浮锥顶部固定器的玻璃都在震动。在它庞大的身躯顶部，骨质颈圈那里，有两片巨大的鳃，我坚信，这种声音就是从那里发出来的。与此同时，频繁响起的近程声呐威胁着我的每一台检测仪，而造成这一切的，是一排闪着蓝光的伪臂，此刻正在湍流的空气中疯狂地挥舞着。这些声音和景象充斥着我的大脑和灵魂。我完全被这个生物迷住了，狂喜不已，不得不掐自己一把以回到现实。它缓步走着，调整着自己巨大的脚步，就像一艘古老的船在某个遥远的、波光盈盈的海上航行。尽管以此来命名如此谦和的动物有些别扭，但我还是决定称它为“帝王海步巨兽”。

我的 SDI 记录了第二只海步巨兽，我好不容易才在 15 千米外发现它。也许这是一对刚交配完的伴侣，它们正朝着同一个方向行进。当我观察第二只海步巨兽时，头顶传来一阵尖锐的呼啸声，类似于喷气式发动机的啸叫，这使我条件反射性地低下头埋进机舱。一群黑色的小动物散发着微弱的生物光，正朝着那个海步巨兽飞去。它们斜向急冲，无视猛烈的狂风和闪电，径直冲向海步巨兽身前的一个开口。不过几秒的时间，它们已经穿过巨兽的胸膛，从火热的“鳃”里钻了出来，再次现身。小飞兽身上的生物灯重新焕发了活力，它们的尾部燃烧着火焰，几乎是以一种调皮的姿态在空中盘旋，留下长长的灰色蒸汽尾迹，被大风扭成蜿蜒曲折的螺旋状。这些飞兽掠过时，我注意到它们的肉冠与海步巨兽的肉冠有明显的相似之处，我突然领悟到，这些小生物是它们一直伴随着的黑暗巨兽们的幼年形态。当它们进入父母的身体时，会以某种方式吸食富含能量的分泌物，这些分泌物会持续滋养它们。后来的研究，包括记录幼兽成长到成年期的过程，证实了这一理论。

我望着海步巨兽蹒跚而去，身下的“海”不再像之前那样夸张地上下起伏，而是渐渐趋于平缓。它们巨型的脚，我后来才得知，海步巨兽那硕大的脚其实是空心的，里面有多个巨大的口腔管，会掀起一层细小的胶冻薄雾。口腔管的一端穿过大腿进入躯干，而脚部每根口腔管的底部都相当于一张大嘴，边缘处有数千颗锋利的牙齿。当海步巨兽行走时，每次滑动，它的巨足都会刮下一层薄薄的凝胶，然后迅速通过口腔管吸走凝胶并消化。

海步巨兽蹒跚地从我身边走过时，我感到非常失望。因为我无法跟上它们的脚步，甚至无法派出 VAP 追赶它们，我唯一能做的事，就是用我那可笑的手持式 Vidisc 跟踪它们，放大并重新对焦，以了解它们庞大的尺寸。我的相机测距仪显示，它们大约有 190 米高，但我不确定准确性。那天的印象至今仍很清晰：巨大的“手臂”优雅地摇摆着，不规则的侧向呼吸瓣随着每一次脚步的落下而开合，蓝色生物灯的柔和光线更加凸显出它那光芒笼罩的头冠的平缓曲线，以及阳光透过层层的乌云，照在它摇摆的尾巴上，映射出暗淡的光泽。我知道，当我把这些影像刻入灵魂时，我知道，终有一天，我会回到这些生物的身边，不仅仅是为了研究它们，而是为了饮下这令人振奋的异世界的甘露。它们象征着达尔文第四星球的一切。

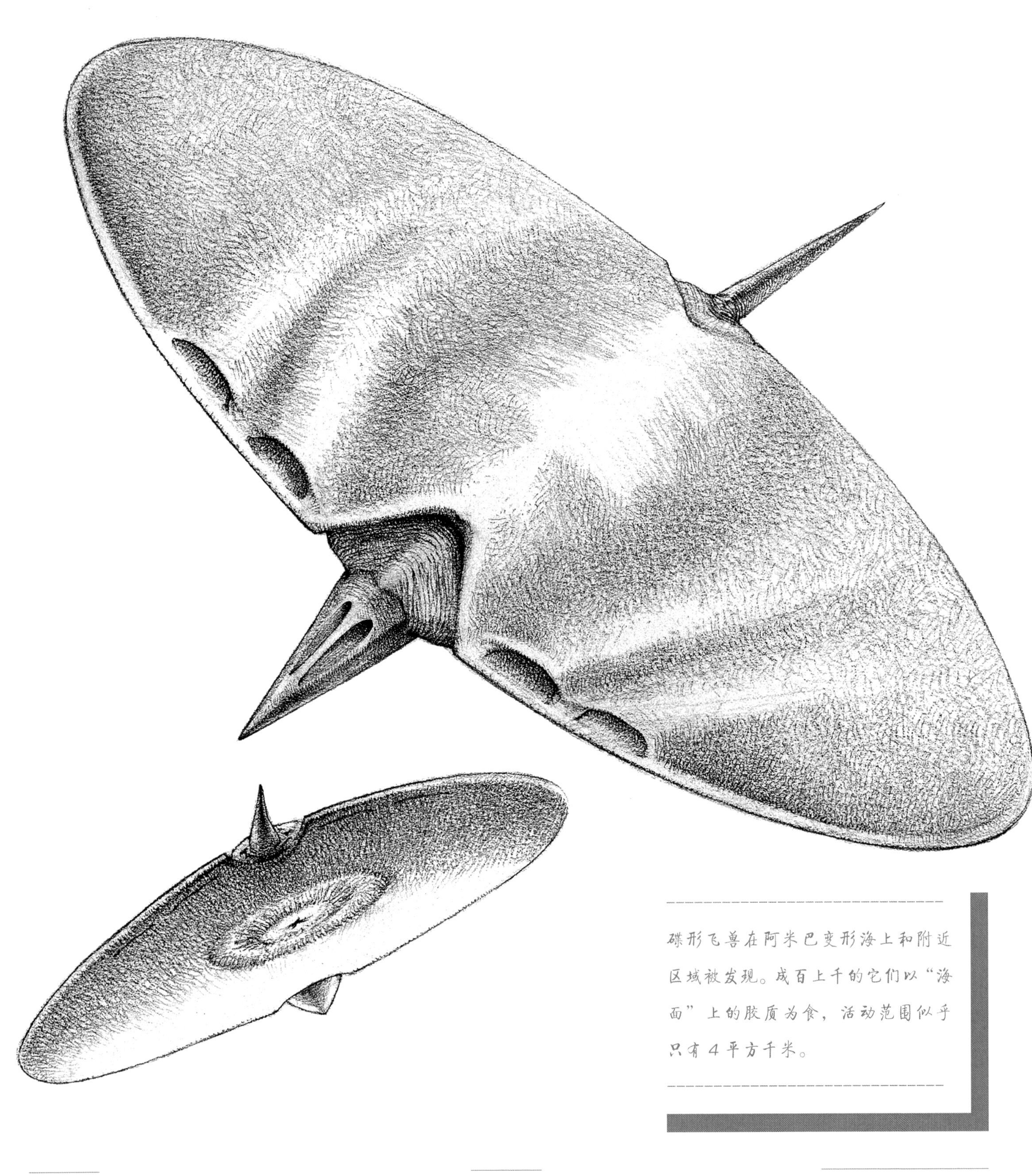

碟形飞兽在阿米巴变形海上和附近区域被发现。成百上千的它们以“海面”上的胶质为食，活动范围似乎只有 4 平方千米。

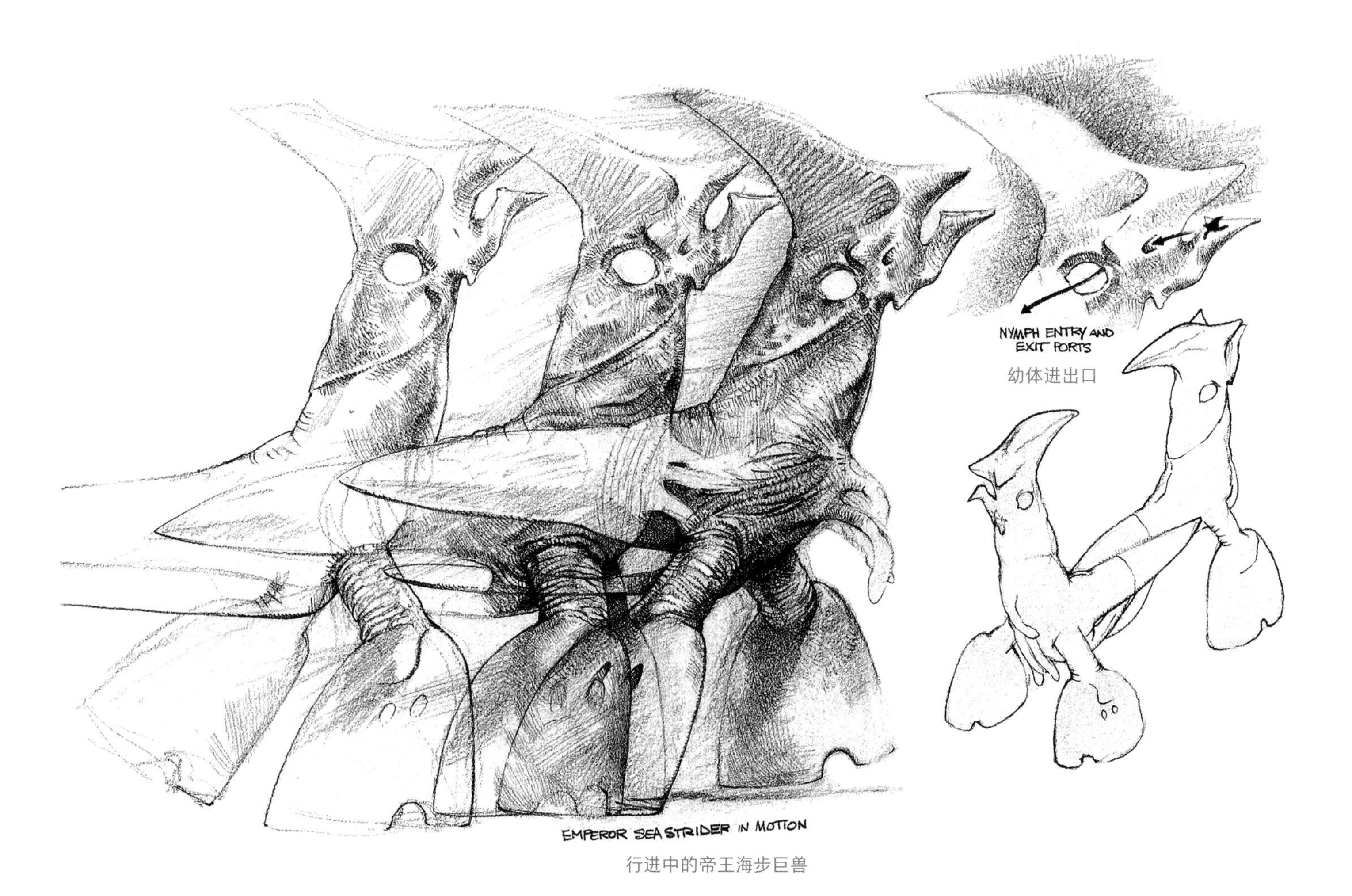

幼体进出口

行进中的帝王海步巨兽

帝王海步巨兽必须保持运动的两个原因：一是它巨大的身躯需要持续进食，二是海的胶质表面无法承受它的重量。

在海步巨兽现身半小时后，它们在遥远的地平线上变成了一个小黑点。我静静地坐在静止而空旷的“海”上。两小时后，云层裂开一条缝，灿烂的阳光照在轻轻滚动的胶质波浪，闪闪发光。在那之后，又过了一个小时，接应我的回收舱降落下来，把我拉出了海面。

海步巨兽和海滨跃兽

SEA STRIDER SKULL AND LITTORALOPE

达尔文那单一而不间断的海岸线在北半球的阿米巴变形海周围延伸了数千英里。以任何标准来看，它都是一片奇怪的海滩，这里既没有沙子，又没有潮汐池，甚至没有海浪拍打在它的边缘。相反，人们发现胶状基质不断缓慢地膨胀和收缩，它位于海滩底层，堆出大概一米高。这片区域有一种真正的魔幻主义的品质：一方是广阔的“海”本身，其果冻质的表面往往随着不总是出现的风荡漾起伏；而另一方则是沉在一米之下的海滩，平坦而静止，不像是天然形成的。正是在这里，我们命名为“阿米巴变形海”的群体生物与达尔文第四星球的个体生物之间展开了一场无声的战争。沿海地区是生态无人区，是两支沉默的军队之间产生变化和冲突的地方；大地上处处是它们留下的痕迹。

在过去的几千年里，海似乎一直在从陆地边缘向后退缩。支持这一观点的证据包括平坦海滩所占的面积；这些海滩上生长着或新或老的植物，但都是进化后期的植物；在某些争夺激烈的区域，只有绒毛状植物曾经生长于此而留下的荒芜痕迹，而另一些早已陷落的阵地则被淡紫色、粉红色和棕黄色的海滩手指大量覆盖，那是一种生长极其缓慢的可爱的多肉植物。然

> 图 19：“它看起来像一些奇异的有机物大教堂。”

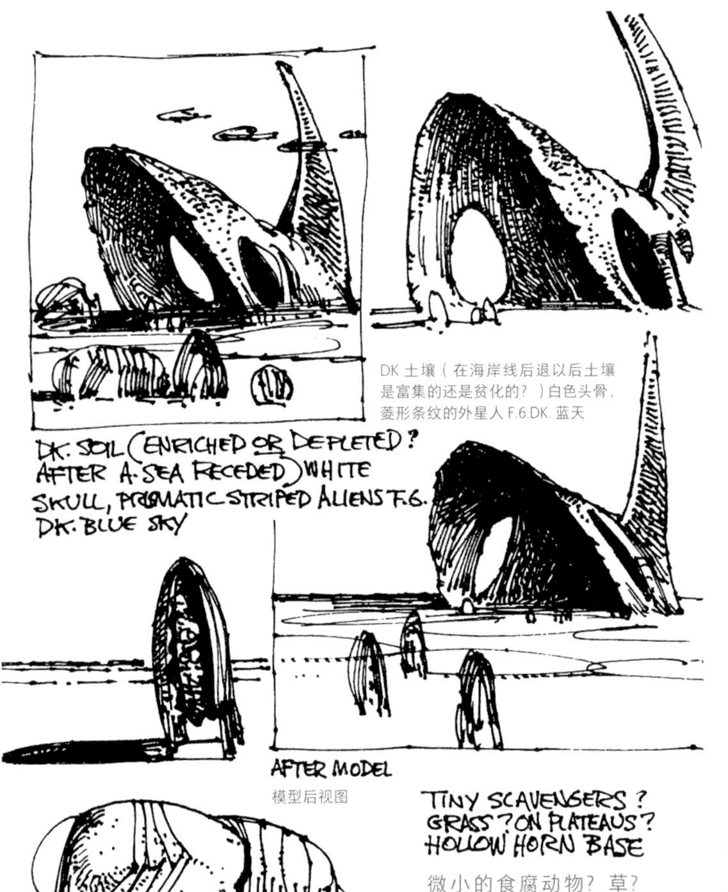

DK 土壤（在海岸线后退以后土壤是富集的还是贫化的？）白色头骨，菱形条纹的外星人 F.6.DK. 蓝天

模型后视图

微小的食腐动物？草？在高原上？空心的角基

植物还是动物？看起来与动物相似

帝王海步巨兽令人敬畏的、大教堂般的头盖骨引发了我对建筑学和生物学的想象。如果不是亲眼看到一只海步巨兽差点从我身上踏过去，我很难相信这样的生物竟然可以行走。

而，“海”的衰退并不是植物侵占的结果，而是无数专门以海为食的动物最终造成的结果，它们围在这片广阔的胶状殖民地侧翼不停地进食。

“海”的明显衰退可能是一个周期性的过程，原因可能涉及周边物种数量的激增——这包括围绕和依赖聚落生活的各个物种。这些物种中的大多数每天要花好几个小时撕咬胶状物质的边缘。与其平原表亲相比，它们过着一种更加安逸的生活，尽管仍会受到海滩掠食者的威胁，不过都是少数，毕竟它们的生态系统是以毫无防备、蛋白质丰富的“海”资源为中心的。果冻状基质对它们来说，用途多种多样。大多数外围动物用虹吸管吸起它们收集的小块食物，以获得即时营养，其他的则将小块食物液化，储存起来供自己或配偶食用；还有一些生物会在这些具有弹性的生物基质表面或内部产卵，充分利用“海”里的营养物质孵化幼崽，并利用基质保护性的隔绝功能来保护幼崽。最后，还有一些生物将家安在基质中，永远不会踏上干燥的地面。

我充满愉悦地观察了几个小时沿海地区的各种生物。舒缓平坦的地形和周围诸多奇怪的生物非常符合我的审美，这让我很愿意做出积极的反应，我觉得自己在这一区域花费比往常更多的时间也许是合理的。在我看来，海滩很重要，我再也找不到同样的区域，其生命形态竟然已经进化到如此专业的程度。

因此，我带着一种安静的满足感漂浮在海滩区上方，我想象着，那种感觉，在我之前的无数漫游者都曾在探索荒野的过程中经历过。独自一人的感觉很好，可以看到没有人见过的东西，感觉自己是某个庞大而普通的计划中的一小部分。享受着这种神奇的感觉，我在阿米巴变形海的边缘转了很多天。

其中一天，我从远处看到了一个宏伟而威严的历史遗留物，那是一具帝王海步巨兽破损且已经风化的头骨。它的一部分淹没在沼泽地中，巨大的颅顶指向天空，看起来像一座怪异的由有机物建成的大教堂。当我走近时，我看到它发白的表面布满了无数的神经孔和骨缝，在其中的许多孔洞里，小动物们曾经安过家，留下了泥盆质的植物巢穴，还有一道道把象牙色的表面染上褐色条纹的粪便。这些外来的巢穴似乎已经被遗弃有一段时间了，因为我没发现目前有被占领的证据。

我绕过一圈，从一侧巨大的鳃部裂口进入了头骨，发现自己漂浮在一大片黑暗中。相对于其大小，头骨壁非常薄，在我周围，可以看到巨大的骨板正在剥落，而在我下面，这个非天然洞穴的地面已经被一层脱落的骨片所覆盖了。悬挂在“天花板”上的是巨大而原始的脑体，看上去很多地方被吃掉了。当我研究它时，我能看到微小的移动光点，因此我决定用红外扫描仪探测一番。我立即收到了报告，发现有数以百计的飞兽正在脑体里挤进挤出。我打开扬声器，却几乎要被喋喋不休的嘈杂声呐信号给震聋了，于是我把扬声器关掉，继续在静默中探索。

我从来没有看清楚过这些生物，因为当我在头骨内部盘旋时，一阵突然的颠簸使悬浮锥失去了平衡。警报声随即响起，当我试图将舱体恢复竖直角度时，突然看到一大片骨片砸落地面。这一险情警告我，在头骨内停留时间过长会有危险，于是我赶紧从刚才的入口处离开了。

逃出来以后，我发现外面开始下雨。一小群短腿的四足外星生物已经聚集在了头骨的底部。它们是一群动作缓慢的祥和兽类：皮肤光滑，肤色雪白。它们蹒跚地穿过海绵状的沙滩，走向头骨的开口处，这时，我再次打开了音频系统，这一次，以微弱的飞兽叫声为背景，我听到了它们温柔的“喵喵”声。

根据我们的协议，我对达尔文第四星球动物群的大部分详细分类研究要直接交给伊玛科学家，用于建造博物馆的全息模型。我设法保存了这张海滨跃兽的示意图，这是我最喜欢的一幅图。

在几分钟内，整个兽群大约有 20 只个体被安全地掩在头骨上方悬挂的唇骨后面。我停在鳃部裂口处，再次被迫关闭了扬声器，因为它们发出的信号音完全被淹没在嘈杂的飞兽叫声中。当飞兽在阴暗处安顿下来时，我看到它们的整个身体都发出绿色的光泽，这是我之前在达尔文第四星球上从未见到过的特征。我把这些生物命名为海滨跃兽。

突然间，我的注意力被引向一群小型飞兽，它们以惊人的速度扇动着翅膀。几秒之内，这群小飞兽就开始在头骨的黑暗领域内疯狂地盘旋；它们小小的橙色生物灯看起来就像在风中摇曳的烛火。它们以难以置信的速度从我身边飞过，并从鳃部裂口向外飞出，将我淹没在它们流动的光芒中。等我把座椅转过来的时候，它们已经消失得无影无踪，被吞没在饱含雨水的云层之后。

海滨跃兽在静静地等待雨的到来，它们几乎没有注意到飞兽的消失。那群嘈杂的飞兽离开后，我又打开了扬声器。和以前一样，这些生物一边发出信号声，一边点着它们的箭形脑袋，这样的一来一回看起来似乎是在对话。不过，除了这个印象，我没有证据表明它们有智力。

雨渐渐小了，这一小群海滨跃兽站了起来，向着开阔的海滩方向漫步。很快就可以看出，它们是冲着“海”去的，而“海”正处于温和的扰动状态，其表面有两到四米的伪波。根据过去的经验，我知道这是暴风雨过后的反应；与真正的海洋不同，这种反应总是延迟约 30 分钟。考察队后来了解到，这种扰动是水进入基质后造成的反应。

当海滨跃兽靠近“海”时，我注意到“海”的边缘回缩了一米左右，好似在模仿生命受到威胁时的状态。兽群沿着边缘集结成一列，它们把头大幅度地左右摆动，刮下来一条条长条状的透明基质，快速地把基质竖着吸进肚子里。

大约一小时以后，这群吃饱喝足的海滨跃兽沿着海滩逐渐消失在视野里，它们的肚子圆滚滚的。我降下来检查被吃掉的

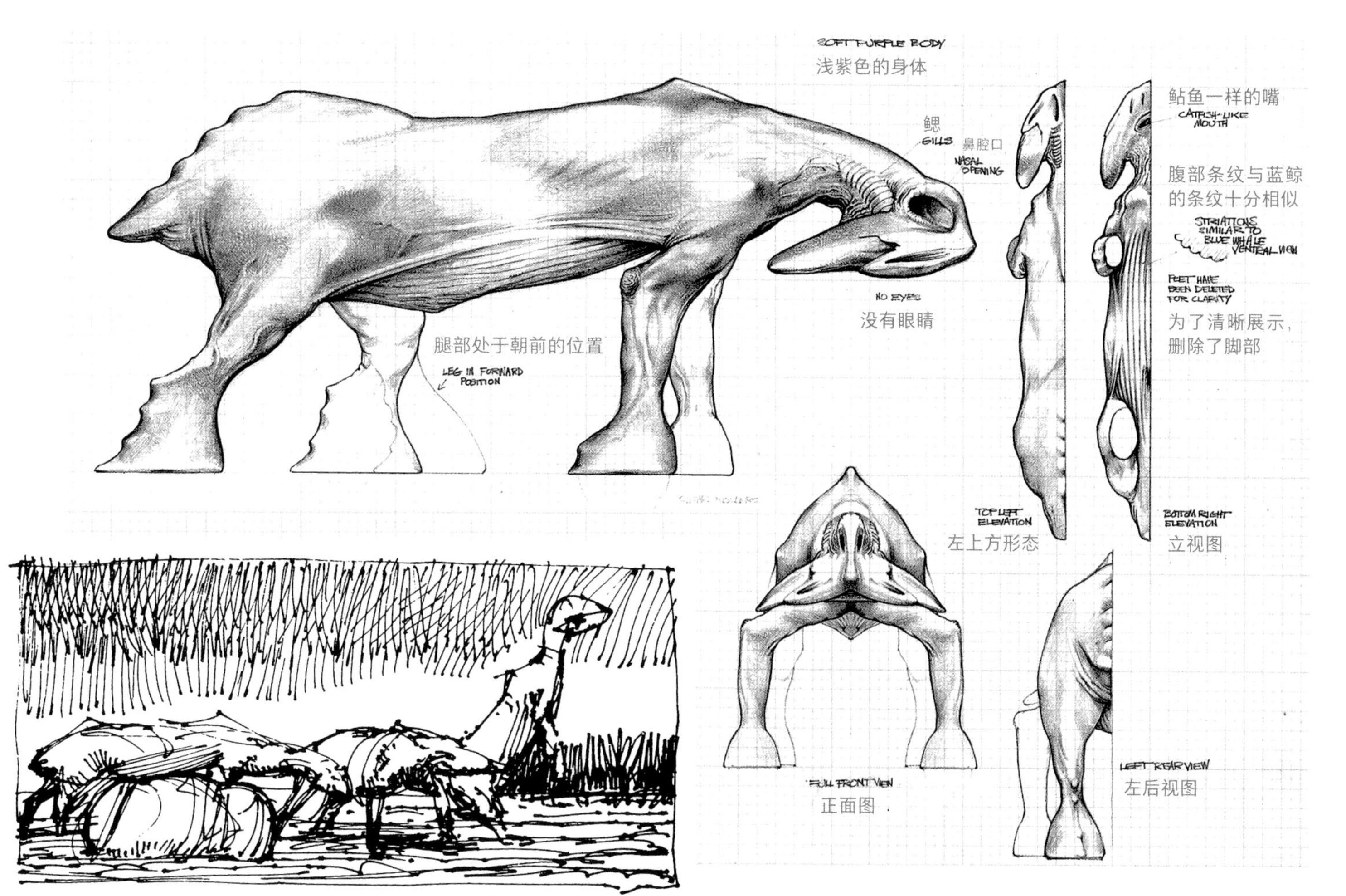

PURPLE B.G. – ORGANISM IN LOWER LEFT W/ GLOWING LIGHT
LITTORALOPES ENTIRE BODY GLOWS GREEN.

下方，带着发光的光芒。
发出绿色的光芒。

部分。这片刚刚露出的沙滩约有 40 米 ×2 平方米的面积，这就是兽群消耗的基质数量。“海”的边缘被撕啃得参差不齐，“海滩”上还散落着部分被削落的基质。我盘旋了大约一个小时勘察周围的地形，离开时，刚才破损的边缘已经被新的基质填充，恢复如初了。

> 图 20：50 支沙滩刺突然从地面窜出来。

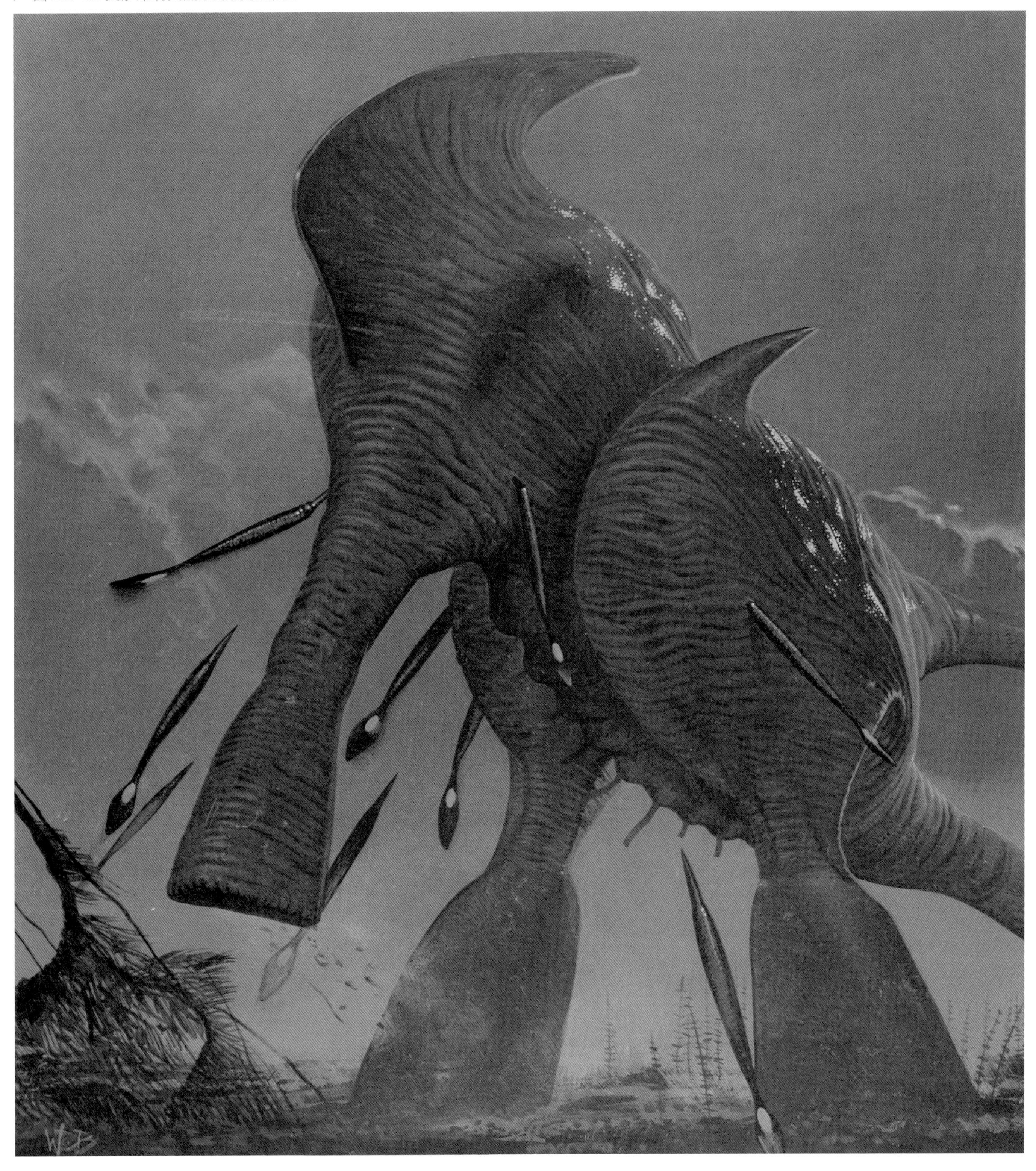

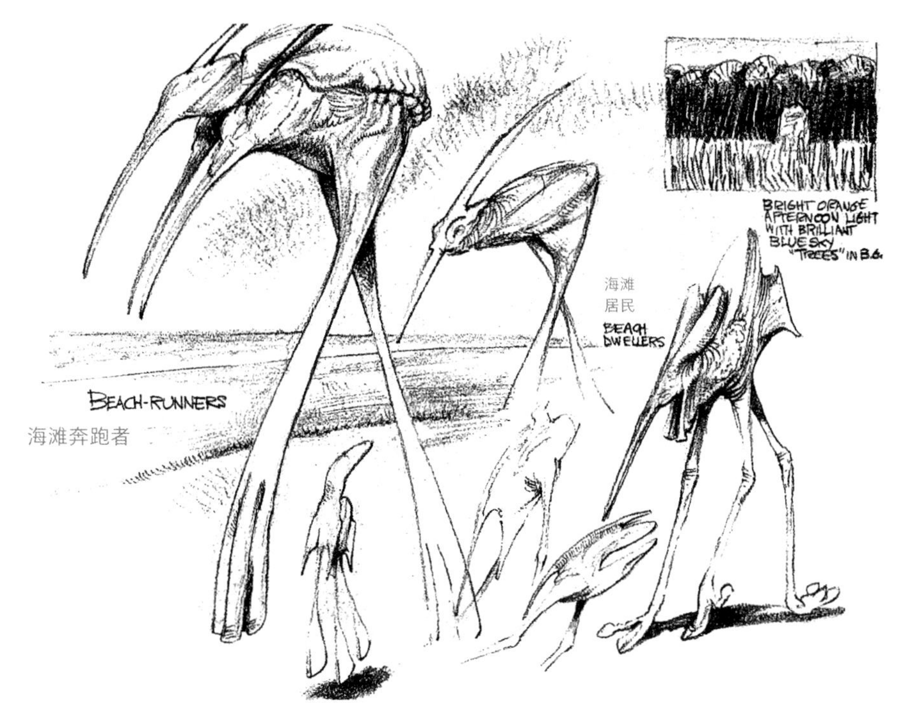

午后明亮的橙色日光，
衬着明亮的蓝色天空，
“树”在其中。

在海岸带的软土下大约30厘米处，隐藏着一排排共同的猎手——沙滩刺。这些飞镖形状的生物往往有几十个，躺在那里等待着不小心的路人踩到它们正上方的土壤。由于主要依靠敏感的压力感受器，它们的声呐几乎派不上用场。这些近身攻击猎手能够在短距离内以巨大的速度推进自己。它们通过一只肌肉发达的折叠“脚”将自己发射出去，用身体刺穿隐蔽的地面，直奔目标而去。猎杀之后，海滩刺会本能地重新组合并掩埋自己，不留下任何视觉证据来证明它们的存在。在一个以声呐为交流基础的星球上，它们的静止和沉默是进化完美的狩猎技术。由于沙滩刺的活动范围受到它所生活的土壤密度和成分的限制，这一物种只在沿海地区被发现。

有一次，我跟随着一只沙滩跃兽（Beach-loper）（帝王海步巨兽的远房表亲）进入了沙滩刺的领地。这可不是一个令人愉快的场面：50来支沙滩刺突然从外围的地下蹿射出来，几秒之内就无情地刺穿了它的身体。它们攻击力巨大，以至于那些没能击中沙滩跃兽的生物在距离发射点大约20米的地方击中了我的锥体，所幸没有造成什么损伤就被弹开了。沙滩跃兽在倒地前就已经死亡。紧接着，一场诡异的盛宴拉开序幕：那些插入沙滩跃兽体内的沙滩刺从尸体内部向外啃食，而那些没刺中的则从外向内进食。一小时后，沙滩跃兽的骨头暴露在地面上，而沙滩刺已经消失了，没有留下丝毫痕迹。

斑纹翼兽

STRIPEWING

在遭遇海滨跃兽一天之后，我又在周边地区遇到了另一群有趣的动物。这种长相奇特的动物看上去正处于进化的不稳定状态：它们有翅翼，但尚不能飞。当它们也尝试过（尽管这种尝试并不多），这种两米高的生物徒劳地拍打着粗壮而带有美丽条纹的翅翼，想要飞上天空，但最终只能蹦出去几米远。我将这种生物称为斑纹翼兽，在白天它们过着一种慵懒的生活：在阿米巴变形海起伏的表面上晃荡，每隔一段时间，它们就会伸出它们的长喙，开始进食。其余的时间，它们除了晃动和打瞌睡外，什么也不做。

但当夜幕降临，斑纹翼兽就开始骚动了。头部高高扬起，展开绚丽的发光翅翼，这些生物在颤抖着、闪烁着光芒的胶质“海”面上站了起来。顷刻间，原本平静的画面立时骚动起来，因为兽群开始了夜间的游荡。

那天晚上，斑纹翼兽引领我进行的那场疯狂追逐，是我在达尔文第四星球上逗留的所有时间里再也没有发生过的奇幻经历。几个小时以来，这群有着艳丽翅翼的疯子在“海”面上，以最迂回和最不稳定的方式拍打着翅翼，蹦跶了好几个小时。

图 21：当夜幕降临，斑纹翼兽就开始骚动了。（初步草图）

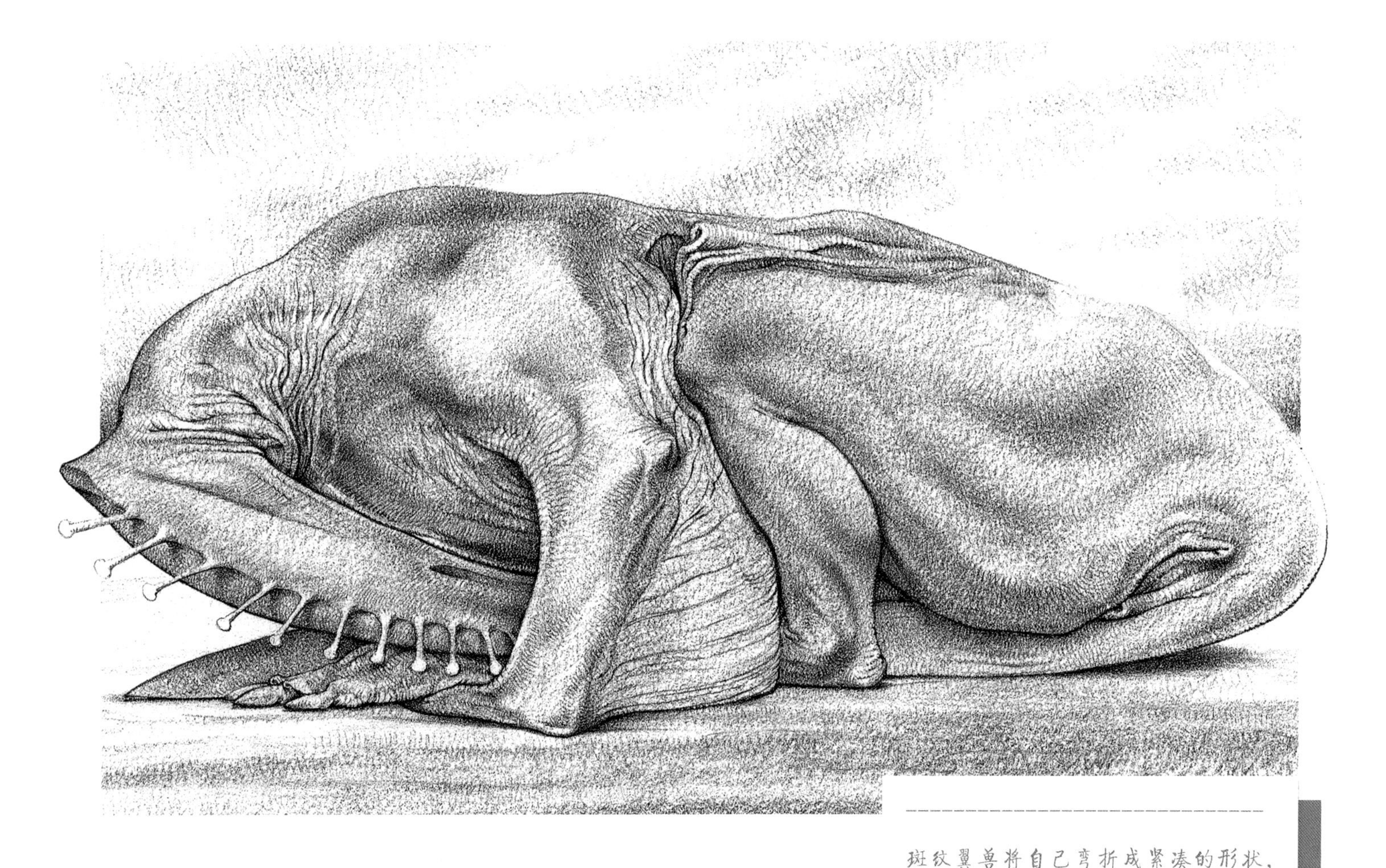

斑纹翼兽将自己弯折成紧凑的形状，在阿米巴变形海的表面进行日间睡眠。我经常看到它们一大群在胶质的海面上轻轻晃动。

整个晚上，这些生物都在黑暗中跳跃、奔跑、嬉戏，带着绿色条纹的翅翼和身体混乱地交缠在一起。我发现，跟上它们毫无章法的古怪动作既令人兴奋又令人疲惫，我会时不时地上升到一个高度，足以让我将它们明亮的轮廓保持在我的视线之内。

整个晚上我都在跟踪斑纹翼兽，并且困惑于观察到的奇怪行为。即使有着多种先进设备，我仍然只能猜测。我看到的是对空中微型飞兽的追逐，还是一种由荷尔蒙引发的求爱仪式？我无法得出任何结论。天空泛起银色时，它们明显没那么活跃了。随着它们的速度减慢，我下降到 10 米左右，切入悬停模式。天亮后，这些奇怪的生物疲惫地在“海”面上安顿下来，它们折起翅翼，把小脑袋往下缩。占据有利位置的我可以看到它们逐渐进入睡眠状态，我忍不住开始猜测，它们是不是在做梦。

OVERALL DARK WITH SEA GLOWING FAINTLY
STRIPEWINGS VERY VIVID & BRIGHT
DEEP BLUE B.G.

整体黑色，海面上发出微弱的光亮。

斑纹翼兽非常鲜艳、明亮，
背景是深蓝色。

> 图 22：在斯皮克山（Mons Speke）附近的一个横断山脉的漂浮者。

山脉地区

THE MOUNTAINS

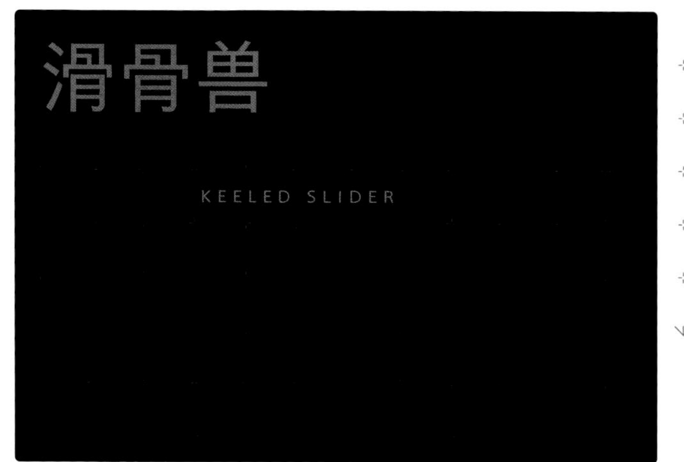

滑骨兽

KEELED SLIDER

在来到达尔文第四星球的第二个夏天开始之际，我第一次瞥见了与赤道山脉接壤的山麓地带。当我越过信玄丘陵（Fugum Shingen），平缓的山丘逐渐让位于更粗糙、暗淡的风景，这里常年降水，被薄雾笼罩。与平原千篇一律的平坦景象相比，丘陵地区提供了各种奇妙的景观，所有这些景观都以雾气笼罩的灰色峭壁作为远方背景。虽然山丘之间偶有密集的灌木丛，但大部分地面都被短小的蓝色植物覆盖，高度不超过 15 厘米，生命力相当顽强。这种植物被我们的植物学家多萝西娅 · 凯博士命名为“山藤”（Hillvine），据观测，它生长在非常荒凉的地方，如悬崖底部和岩石裂缝陡峭的侧面。这是一种生命力旺盛的植物，从山脚到高地，随处可见它的足迹。在这片美丽的蓝色地毯上，点缀着数不清的布满地衣的灰色巨石，与藤蔓的颜色形成鲜明对比，而藤蔓的卷须就在那些巨石之间蜿蜒盘绕。山顶散落着大量的巨型，我由此推断，这些都是远古火山塞被侵蚀后留下的遗迹。

我以 8 米的高度，悬浮在起伏的地面上。此处的土壤被水浸透，十分松软。我注意到一些区域地表以上一米处氤氲着细密的彩虹雾。透过低空云层的罅隙，在

> 图 23：充满雨水和具有保护作用泥浆的秘密卵室。

多个太阳的照射下，泥炭囊兽的泥床上蒸腾出团团雾气，这些充满好奇心的粉红色卵状生物竖直地沉浸在沼泽地里，以此来润泽和保护它们敏感且充满褶皱的皮肤。它们紧紧噘起肥厚而突出的嘴唇，冲我发出小夜曲的鸣叫，那呼哧呼哧的声音听上去很有意思。它们的叫声我录了大约 15 分钟。

继续往高地走，我开始注意到，柔软的草皮被挖出了巨大的沟壑，仿佛是某个巨人用手指划开了蓝色的枝叶，把下面的褐色土壤翻了上来。这些沟壑在山丘上纵横交错，似乎随机分布。伴随着它们的是深深的擦痕和偶尔出现的粪便，根据这些线索，我得出结论：这些痕迹来源于动物。我顺着看似是两只动物的痕迹向正北追踪，根据这两条沟壑任意一边的擦痕推定它们前进的方向。这些擦痕和沟槽似乎表明，这些大型生物是以拖拽的方式，拉着自己的部分身体前行的。当这一猜测被印证的时候，我感到相当高兴。

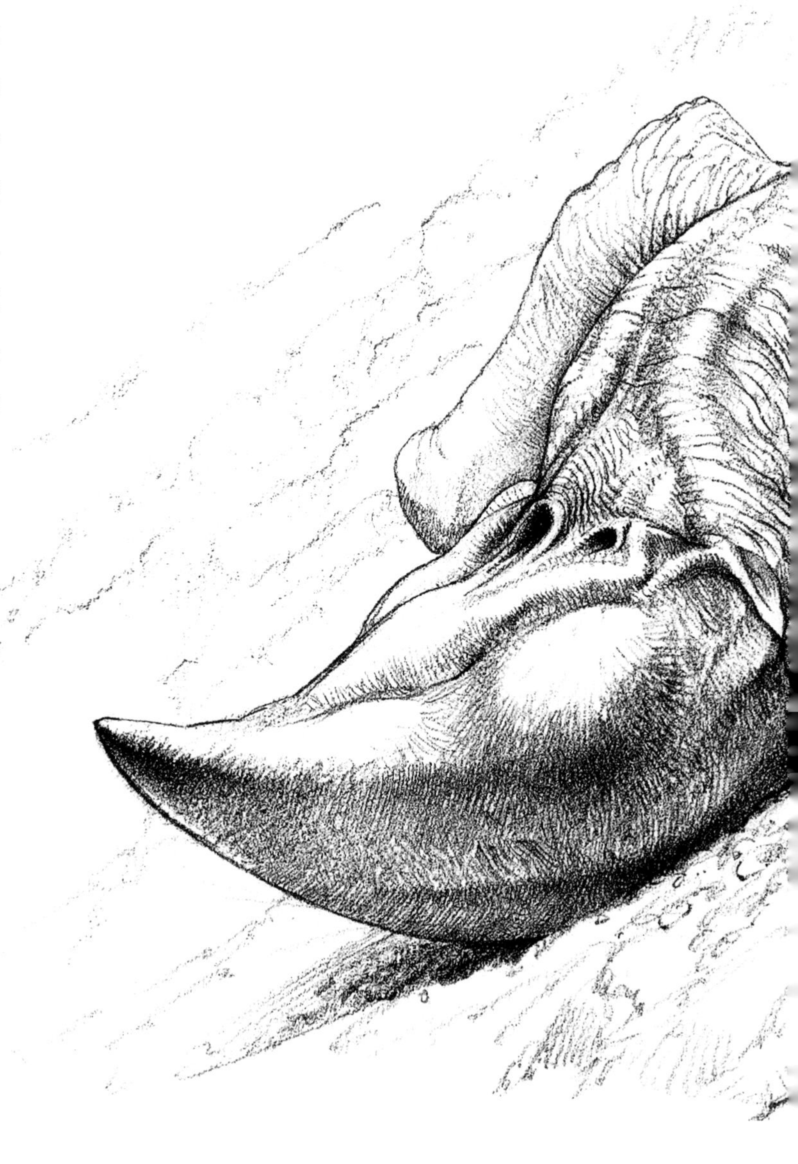

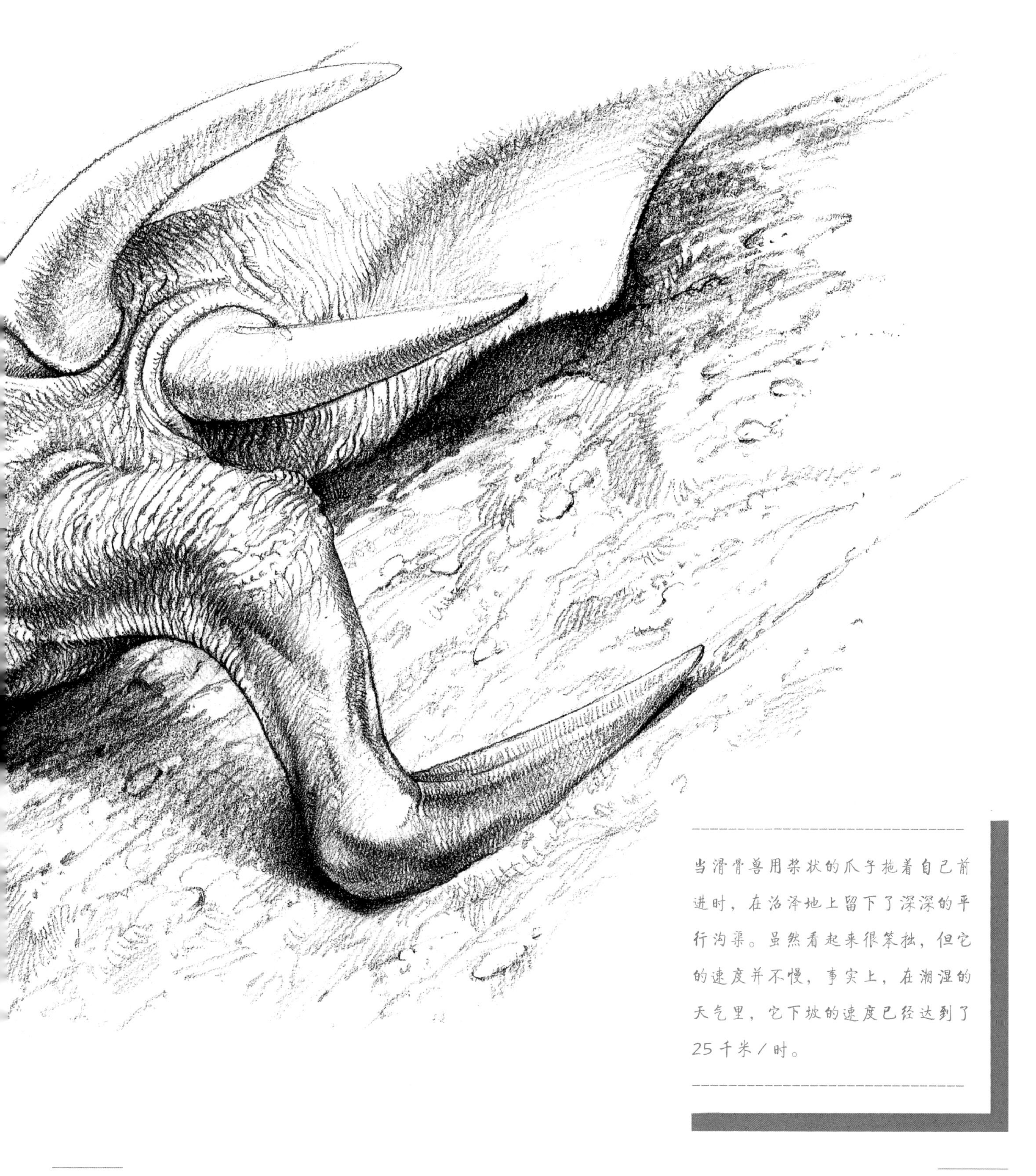

当滑骨兽用桨状的爪子拖着自己前进时，在沼泽地上留下了深深的平行沟渠。虽然看起来很笨拙，但它的速度并不慢，事实上，在潮湿的天气里，它下坡的速度已经达到了25千米/时。

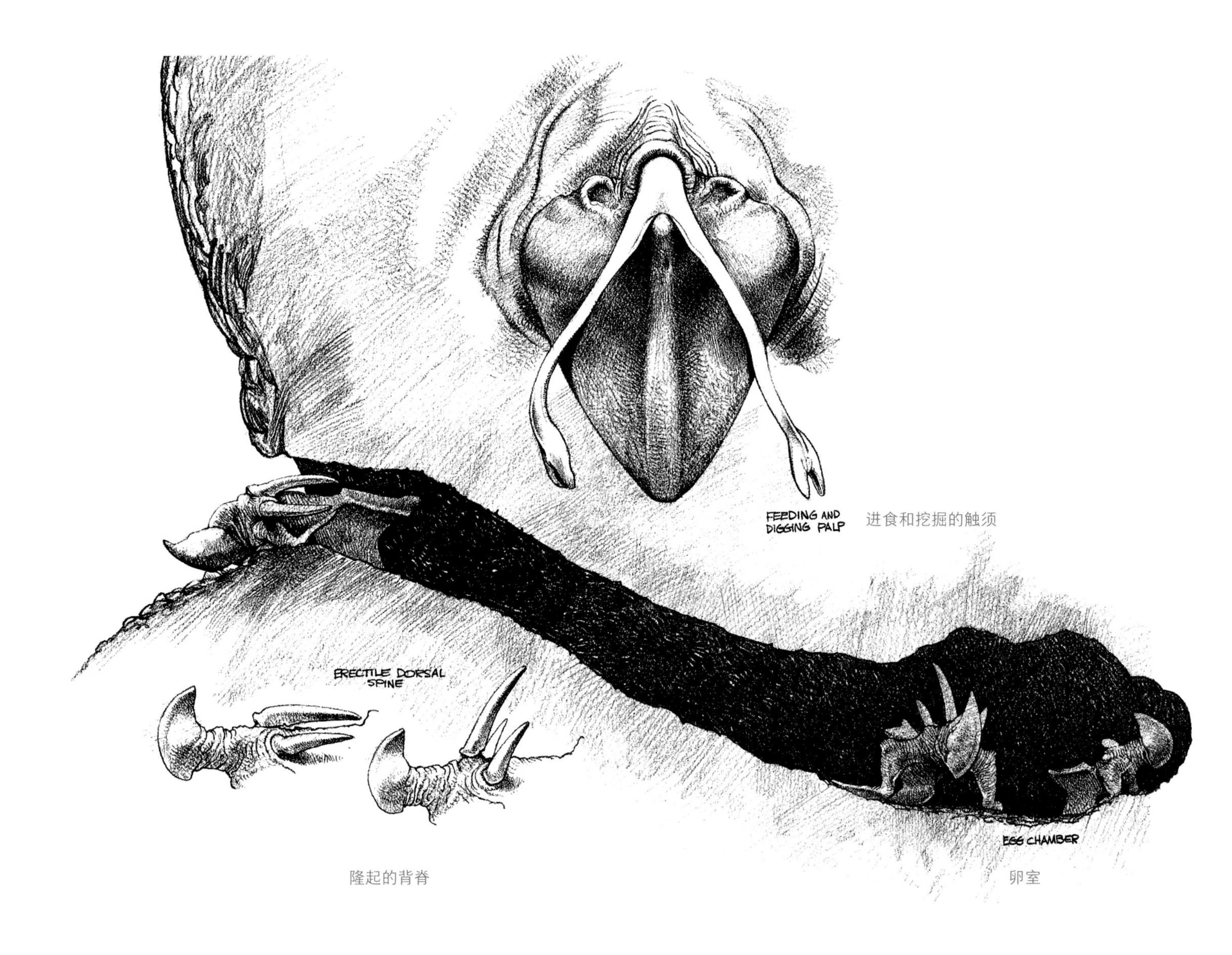

在一个由大型火成岩塞顶起的山顶上，一对生物蜷缩在一块悬岩下，除了新月形的头部有微小的动作外一动不动。我没有探测到什么声呐，它们发出信号的频率很低，持续时间也很短。

低空的云层变得愈发阴沉，开始下起小雨。随着雨越下越大，我看到这两只动物棕色的皮肤也被打湿了。岩石越来越滑，已经被浸透的草皮上开始形成水洼，继而从山坡上溢出来，流成泥泞的小河。

滑骨兽的两支位于面部用于进食的触手也被用来挖掘其卵室。雌性在地下很深的地方产卵，雄性同样也在那里授精，这些卵显然被父母遗弃，从此只能听天由命。

突然，一阵响亮的高频信号声打破了我守夜的寂静。我看到其中一个生物（我将其命名为滑骨兽）向后移动了一米左右，另一个似乎变得焦躁不安，不断地将两只肌肉发达的桨状爪子交替支撑着身体。它的同伴继续慢慢向后移动，直到最后冒着瓢泼大雨在一块巨大的悬岩下面安顿下来。我注意到它闪闪发光的两侧开始因某种无法解释的原因膨胀起来。每一次痉挛，它都会发出刺耳的声呐尖叫，这似乎进一步刺激了其配偶的反应，导致它剧烈地晃动起巨大的头颅。经过 20 次这样的尖叫和我出于好奇心坚持不懈地多次扫描，我确定悬岩下的滑骨兽是一只雌性。它用它的管状产卵器在地下开凿了一条长长的狭窄通道，并在地下约 5 米的小室中产下了 20 个长形的卵。它的身体自巢址上松弛下来，慢慢地向前滑入雨中，软绵绵的、隆起的卵巢在泥土中拖着。这时，雄性滑骨兽正处于兴奋的狂热之中，不顾一切地赶往空出的通道。它迅速将阴茎插入配偶为它留下的开口里，在两分钟内就完成了为地下卵子受精的任务。现在它也精疲力竭了，一样滑下巢穴，静静地站在颤抖的伴侣身旁，雨滴在它们宽阔的背上跳跃着。我看着它们摇摇晃晃地偎依在一起，轻轻地发出交流信号。看到它们在“摇篮泥土”中安顿下来，背脊和侧脊逐渐放松，我猜测它们在打瞌睡。在它们身后，狭窄的通道和秘密卵室注满了雨水和具有保护作用的泥浆。

后来我意识到，是暴雨将肥沃的土壤软化到恰到好处，这样才能使滑骨兽挖出巢穴来。这场大雨之后，我在类似的火山山脊上发现了另外一对。几个小时过去了，当阳光穿过消散的云层，形成壮丽的双彩虹时，我回到诸多巢穴的所在地。所有的巢穴都没有成年滑骨兽的身影，它们存在的唯一证明是在地面上开出的干涸沟壑。至于卵室，则几乎找不到任何踪迹了。

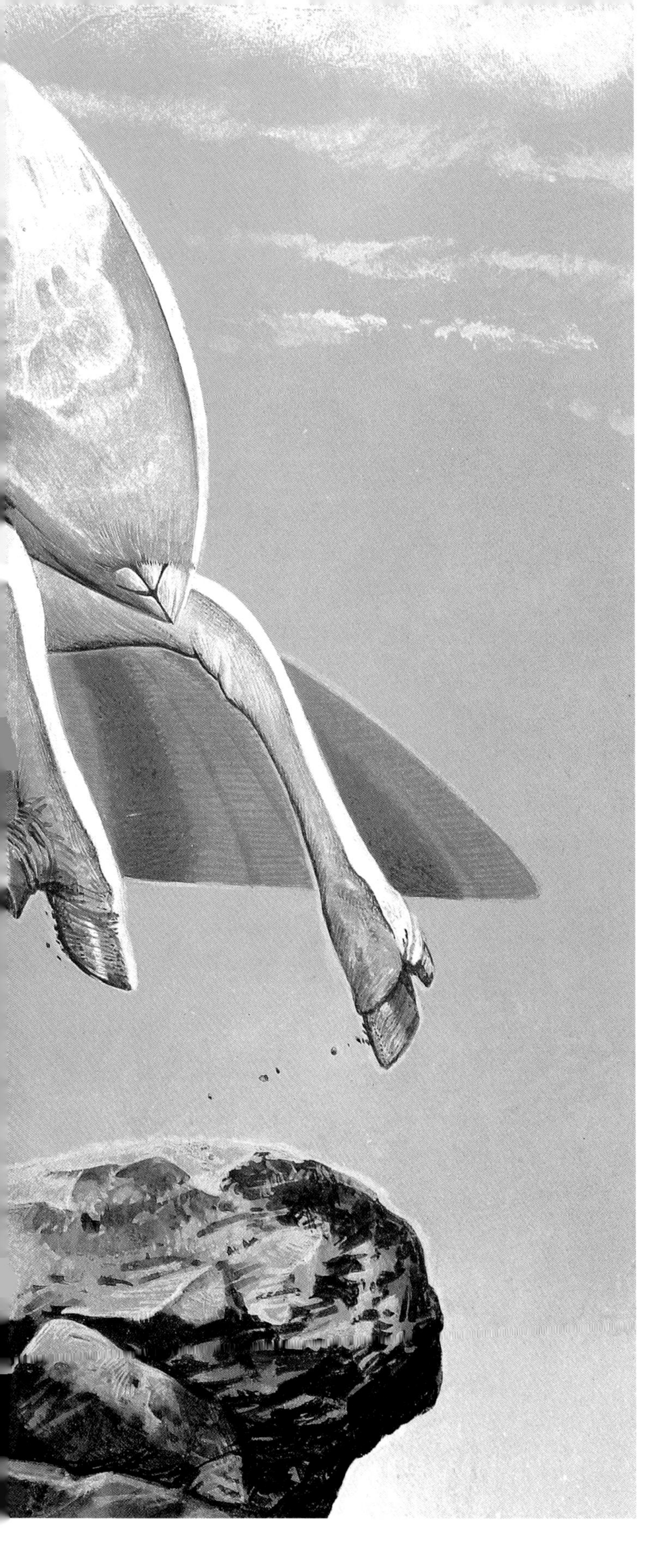

春翼兽

SPRINGWING

达尔文第四星球上的山脉还比较年轻，虽然不是很高，但棱角分明。很少有山峰在一整年中都被雪覆盖的。这些山峰因其裸露的地貌而显得更加令人生畏，形成了这颗行星的腰带，是达尔文第四星球活跃的次大陆地盾[8]区域。

进入伯顿山（Mons Burton）附近这个崎岖的山地区域时，我不是没有不安的感觉。我们的悬浮锥虽然性能可靠，设计精良，但偶尔也会出现故障，万一在无情的陡峭山脉中出现故障可就糟了。在棘手的高山上升气流中是不可能手动导航的。我意识到了这一切，于是把导航系统指向山脉，设定电脑要确保无论任何时候悬浮锥都要保持最低 30 米的高度。

当我登上第一个山顶时，我看到的是一片令人印象深刻的广阔山脉，它们正隐在清晨的薄雾中。日出是大概两个小时以前的事了，但给沉郁的山脉带来缥缈空灵气质的薄雾却还没有被日光驱散。我注意到云层中偶尔会有一些动静，要么是因为水汽已经

[8] 又称盾地，地盾的轮廓状如盾形，是大陆地壳上相对稳定的区域，表面地势没有大的起伏。

> 图 24：“它拱起背，从深渊上一跃而过。”（初版草图）

峭壁跃兽的背部布满了交错的鳞片。然而，尽管有这种保护，它们中仍有许多会因达尔文第四星球上年轻且不稳定的赤道山脉频繁的地震而失去生命，被岩石滑坡和雪崩所掩埋。

渐渐消散，要么就是我的眼神变得更加敏锐了，我可以看到小型有翼生物在气流中娴熟地滑翔。它们从容不迫地转弯，但从不拍打带条纹的三角形翅膀。每当下降时，这些奇怪的生物便呈螺旋状越来越快地旋转，直至消失在某个山峰的背面。

渐渐地，雾气散去，我更清楚地看到了这场空中芭蕾。这些两米多长的动物是其栖息地无可争议的主人，我将其命名为雷瑟山脉（Lesser Mountain）的春翼兽（Springwing）。春翼兽（有许多品种）生活在达尔文第四星球上条件最恶劣的地区之一。它们似乎是正处于进化的过渡期，无论是在嶙峋的坡地，还是在高山地区寒冷的空中，都显得适应自如，它们从一种地形转移到另一种地形，速度如此之快，简直让人无法确定，它们究竟属于哪种地形。白天，我看着它们在悬崖上觅食、交配或者就是简单地爬来爬去。尽管它们是登山能手，利用几乎看不见的踏脚处自如地上下攀爬，但大部分时间它们是在山峰之间滑行，顺着刺激性的气味去寻找高山悬崖多肉植物，那是它们唯一的食物。我发现，看着这些色彩鲜艳的山地居民从一个山崖飞到另一个山崖，在山的蓝色阴影中进进出出，真是一道美丽的风景线。它们的声呐发出阵阵金属质感的咔嚓声，充斥于空中，这种声音与达尔文第四星球上大多数动物的信号音都不同。

我看着一只春翼兽以惊人的空气动力学精度转向一个特定的岩壁。在腿和后背触地的一瞬间，它将皮质翅翼紧紧地贴在身体上，前缘肋骨与长长的侧向凹槽紧密契合。在它的头部后面和两侧，它那巨大而发达的平衡鳍紧张地抽动着。当这只生物在探索悬崖时，我可以听到它短促而深沉的呼吸声，它正嗅着冰冷而充满香味的空气。片刻之后，它得到了一小团淡紫色的悬崖多肉作为奖励。这些植物顽强地依附在岩石上，每隔一段时间，就会喷出一团气味浓烈的淡黄色孢子云。春翼兽把它的喙嘴伸进植物簇里，开始啄食肉质的球形尖端。它吃了几分钟，直到从上面突然落下一阵小石子吓到它。几秒内，这个生物就已经转向岩壁边缘，将后脚插入地面，然后拱起背，从深渊上一跃而起，展开条纹翅膀飞出了我的视野范围。

随着时间的推移，我又遇到了另外两种山地居民，即大山春翼兽（Greater Mountain Springwing）和峭壁跃兽（Cragspringer），它们在这个生物群落中占据着不同但相似的生态位。前者的体形

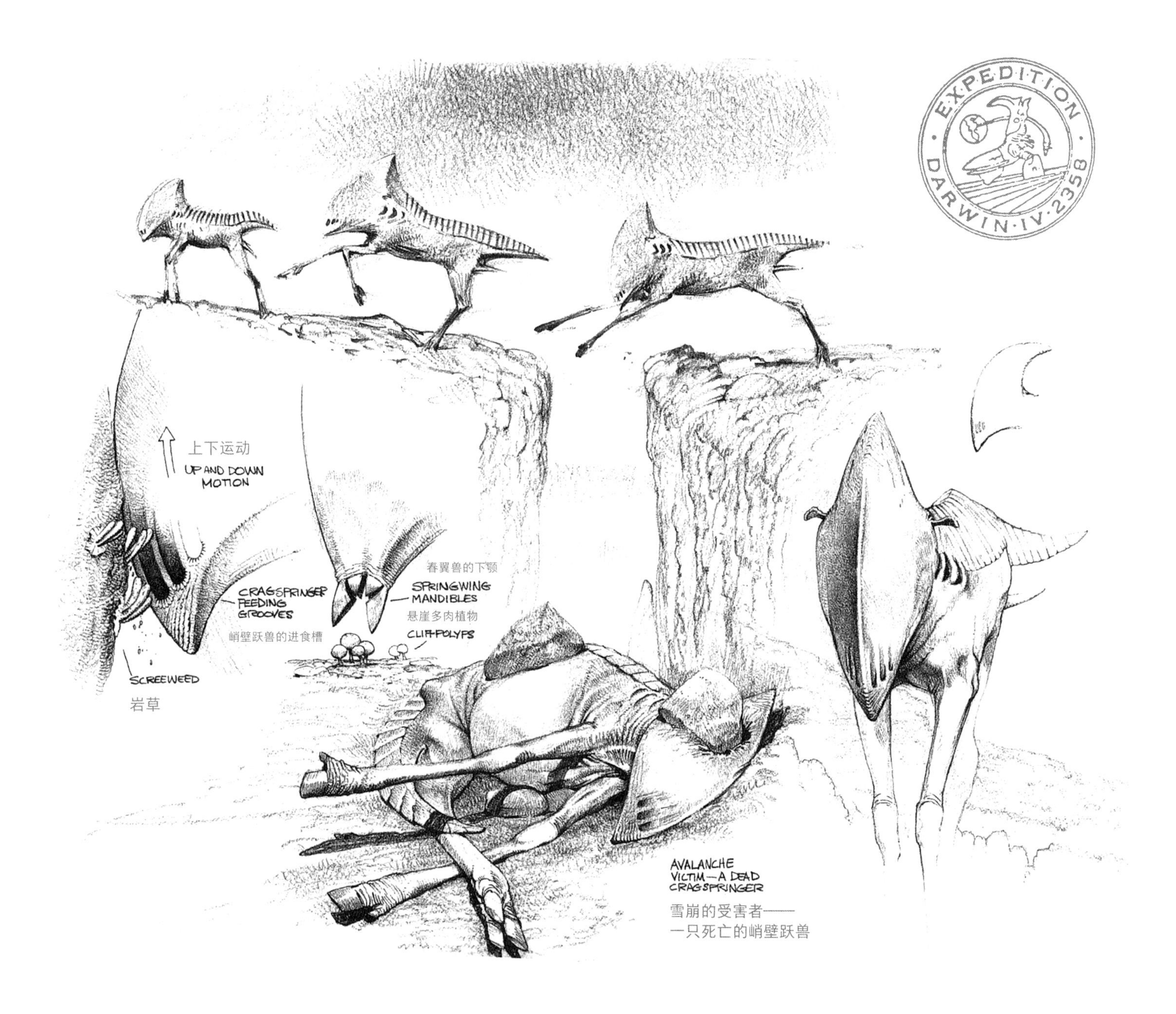

比它的小表弟大一半，头部有一个颅冠，有些个体的冠甚至会弯曲到脊柱。我看到过很多样例，这种巨冠被用来在争夺族群地位的过程中展现自己的优势，却往往导致翅膀严重撕裂——这种伤口几乎是致命的，这会导致它坠落到下方的岩石上。

峭壁跃兽没有它的远亲春翼兽的翅膀，但非常敏捷，跳跃能力令人叹为观止。我记录了许多 20 米以上的鸿沟跳跃，发现几乎没有出现过受伤的情况。它似乎一刻不停地在寻找食物，主要还是选择覆盖在垂直岩壁上的 岩草（Screeweed）作为它们的主食。就像悬崖多肉（Cliff-polyp）一样， 岩草会释放出

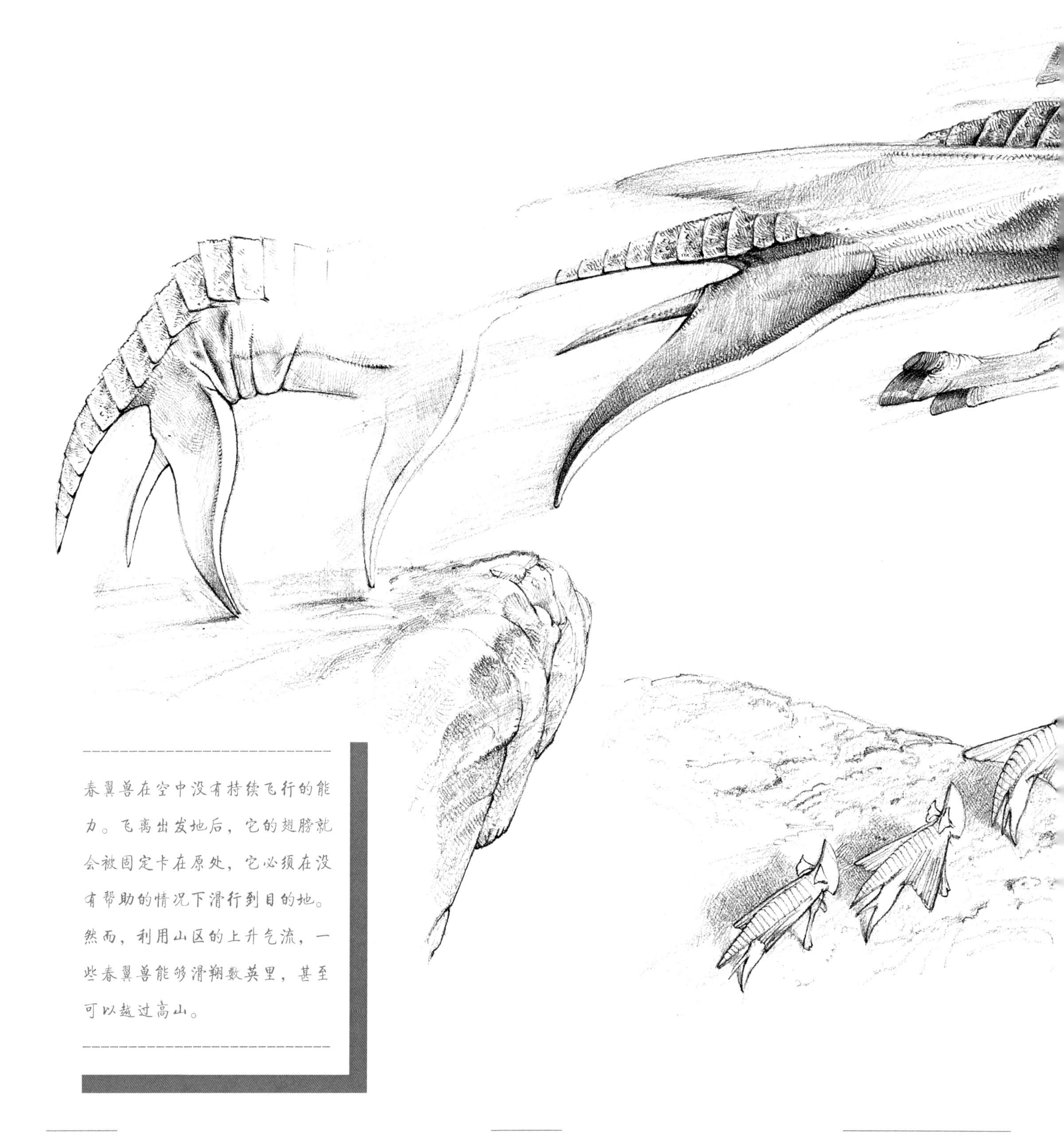

春翼兽在空中没有持续飞行的能力。飞离出发地后，它的翅膀就会被固定卡在原处，它必须在没有帮助的情况下滑行到目的地。然而，利用山区的上升气流，一些春翼兽能够滑翔数英里，甚至可以越过高山。

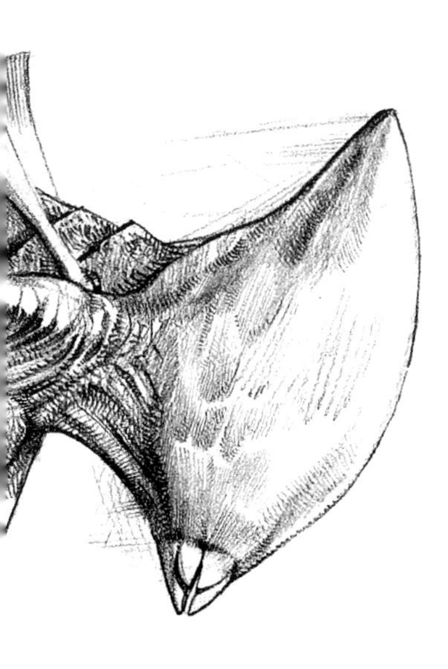

带有自己气味的孢子，数量有时足以在大面积的山坡上制造出一片烟雾来。

进山第一天的傍晚时分，我跟着一群峭壁跃兽进入到一片孢子云雾中，观察它们进食。这片云一定是触发了这群动物本能的进食反射，开始上下晃动大脑袋，即使靠近岩壁时，依然继续着这个动作。它们用角质的面壳刮擦岩石，发出一阵阵巨大的噪音。拉近观察屏的焦距，我可以看到这些生物实际上是在用进食槽把岩草刮成长条状。早些时候我曾对悬崖上的多处磨痕感到疑惑，而此刻观察到的这些进食习惯则为我提供了答案。

我花了一个小时观看峭壁跃兽吃草，直到黄昏的夕阳染红了我周围的山峰，并加深了下面山谷中的暗影。山区的黄昏很美。当悬崖开始变暗，我看到各种山地植物开始发光，形成了一系列精致的发光体；动物们也被自己的生物光勾勒出迷人的轮廓，它们从一个岩架跳到另一个岩架，像移动版的星星一样闪烁，令人心醉。

黑夜通常会使山地食草动物的活动放缓，大多数春翼兽和峭壁跃兽在夜幕降临时都已入睡。这究竟是由于它们的日间生物钟逐渐放缓，还是由于黄昏的捕食者数量增加（无论是飞行的还是爬行的），对此，我仍然无法确定。在山区的第一天即将结束时，我准备了晚餐，坐在那里眺望黑暗的山峰，反思着在穿越这个雄伟的生物群落时不必要的担心。我在达尔文第四星球上的旅行中会常常想到大自然的富饶和丰盛，这让我想到了那个被我称为家园的枯萎星球——地球，想到我的妻子和孩子就在如此遥远的地方。

囊角兽

BLADEDERHORN

我是被这个山溪居民的叫声吸引来的，这种可以直接被听到的叫声在达尔文第四星球上很不寻常。这种声音是由它的两个袋囊在突然收缩时因为排出空气而产生的，叫声回荡在悬崖边，几千米外都能听到。我认为这是一种领地信号。

达尔文第四星球上的山溪植被并不丰富，这些被我称为囊角兽（Bladderhorn）的生物，往往需要花费一生中四分之三的时间去寻找它们的水生饲料——红山刺（red mountain-spike）。因此，囊角兽的领地意识极强，会利用鸣叫及明亮的生物光来吓退挑衅者。

遇到对手时，囊角兽会张开它的“茸角”，短促而愤怒地鼓动大囊袋。挑战者也会以牙还牙，开始以缓慢、有条不紊（也很滑稽）的方式踮着脚围着对手旋转。在这场漫长的对峙中，我很难保持一本正经的态度，我得不断提醒自己：这两个战斗者是来真的。我从未见过这些领地争夺造成过死亡，但血淋淋的长伤口却司空见惯。

图 25：“在这场漫长的对峙中，我很难保持一本正经的态度。”

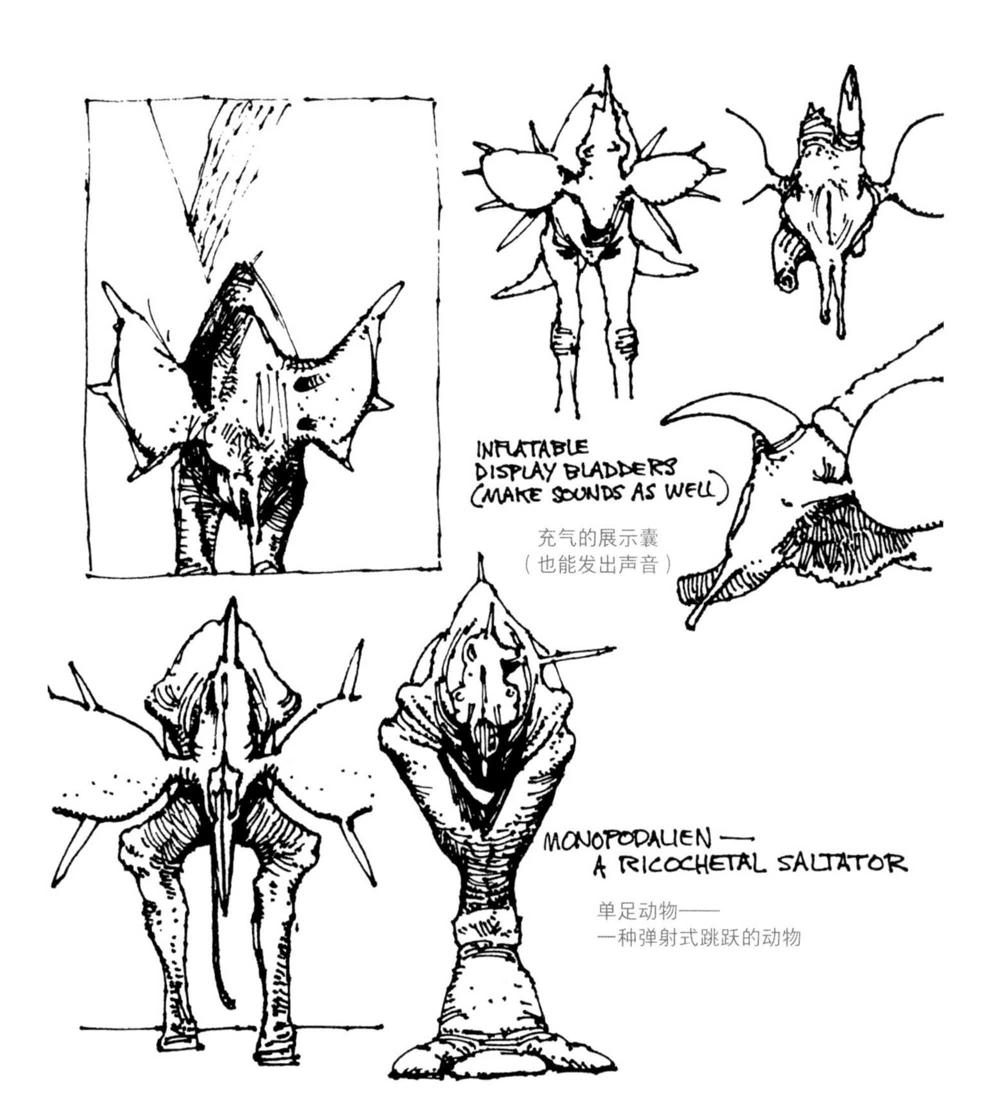

囊角兽瘪下去的囊挂在侧面的巨大“鹿角”上。充气后，它们发出的阴森响声是这个星球上最令人难忘和最容易识别的声音之一。

图 26：北极极地叶片在叹息兽的尸体上旋转。

苔原地带

THE TUNDRA

北极苔草滑兽和苔原犁兽

ARCTIC SEDGE-SLIDER AND TUNDRA-PLOW

在我离开达文山地区后不久，悲剧就降临到了探险队。我当时正向北飞行，打算与同伴探险家伊苏德博士和伊西尔博士（Drs. Ysud and Ysire）一起穿越北极荒原。飞越泥泞的苔原时，我通过远程无线电听到了这两位伊玛异星地质学家难以理解的、未经翻译的对话。他们在我航线前方大约 500 千米的地方，分别驾驶一艘悬浮锥，沿着冰川架向磁极方向飞行。一切似乎都很正常，科学家们的谈话稳定且轻松，中间夹杂着快速的咔嗒声，我已经能听出来这是伊玛人的笑声。我一边朝着会合点飞奔，一边很开心地听着他们用奇怪的语言聊天，满耳是他们忽而尖锐忽而柔和的音调。我估计将在大约一小时后与他们会合，然而在毫无预警的情况下，无线电那边一片寂静，导航器上的救援信号指示灯开始在屏幕上闪烁。

起初，我以为这两位异星地质学家只是结束了谈话，而其中一位不小心启动了他的归航求救信号。但是随着无线电静默的时间增加，我越来越担心。我检查了他们的位置，发现自从十分钟前我的电脑最后一次更新以来，他们的位置都没有任何变化，这不是什么好消息。我至少还要 30 分钟才能到达他们那里，在此之前我只能坐着，紧张地看着下面的亚北极地形匆匆闪过。

图 27：“我决定沿着冰川的边缘飘浮，观察它的裂缝表面。”

CREATURE FREEZES IN PLACE,
ATROPHIES & SHRINKS WITHIN ITS EXO-SKELETON WHICH BECOMES AN
ARMORED NEST. IT THEN LEAVES
ITS EXO-BURROW TO HUNT AND
RETURNS AT NIGHT
(ROCK MUST BE IN FRONT
OF "NEST" FOR EASE OF
ENTRY)
OCCUPANT
GIVES OFF FOUL
ODOR

动物被冻结在原地。

萎缩，缩小在其外骨骼内，成为一个装甲巢穴。然后离开其外部巢穴狩猎，并在夜晚返回。

（岩石必须在“巢穴”前以便容易进入）

居住者散发出难闻的气味。

达尔文第四星球上的平坦苔原地貌几乎是统一的橄榄褐色。零星几块低矮的白色和蓝色植被点缀着这个贫瘠生物群落的荒凉和单调。无数圆形巨石点缀在地面上，越靠近巨大冰盖的区域，它们的数量越多。

达尔文第四星球的两极都被巨大的冰川所覆盖。与南极冰冠（Glacier Cap South）相比，我所前往的北极冰冠（Glacier Cap North）更加厚实，并且中心附近有 B14 和 B15 这些锯齿状的崎岖山峰。南极冰冠则没有这样显眼的山峰。

随着我们之间距离的缩短，我开始看到地平线上的一条白色细线。在灰绿色云层的映衬下，冰川的边缘显得格外醒目，就像一堵漫长得不真实的被刷了白漆的灰泥墙，一直延伸到地平线的两端。我拉升了高度，可以看到极冠延伸到远方，一片乳白色的冰海在太阳微弱的光线下闪闪发光，就像一片被敲碎并打磨过的陶瓷薄片。正当我观察的时候，一团浓密的白色冰雾开始覆上冰面，遮蔽了阳光和冰原的景象。不一会儿，我也被吞没在一片动荡的、冰雹交加的白色云团中。我开始愈发难以辨别方向，在一种近乎恐慌的状态下，我调出计算机的地形地貌视界，它所显示的等高线图给我带来了某种程度的安慰。

苔草滑兽高高凸起的脊背下面是它的声呐，它是达尔文第四星球上拥有最大声呐系统的动物之一。

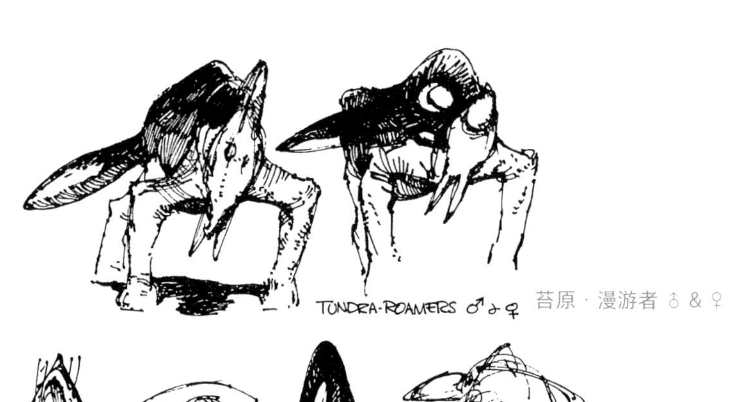

苔原 · 漫游者 ♂ & ♀

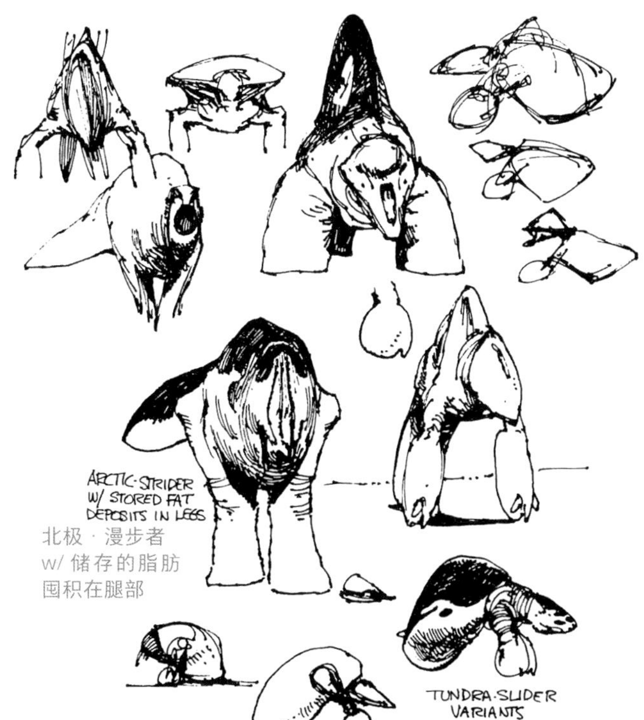

北极 · 漫步者
w/ 储存的脂肪
囤积在腿部

苔原 · 滑兽 变种

对我来说，要还原我那两位同事可能发生的状况，真是太简单了：这股风暴或类似的风暴袭来时，他们原本正在进行紧密的编队，执行他们的双仪表地震波勘测任务。我可以想象两个悬浮锥碰到一起，撞击，解体……我希望我的猜想是错的，但随着周围的暴风雨愈演愈烈，我开始担心最坏的结果。

我在 50 米的高度盘旋，就像风中的雪花一样被吹来吹去，细密的冰雹猛烈地轰击着挡风玻璃。悬浮锥的陀螺仪努力维持平衡，但投影在挡风玻璃上的航空地平线却严重倾斜起来。然而，一如风暴的突然出现，它竟然又消失无踪了。在身下，橄榄色的苔原变得越来越清晰，而头顶的太阳也再次闪耀在钴蓝色的天空中。

暴风雨停歇，我重新与返航信号建立了联系，大约 10 分钟后，我漂浮在科学家们最后显示的坐标上方。揭示他们终极命运的证据散落在冰川边缘的地面和冰面上。成千上万片陶瓷和钛合金的橙色碎片，如纸屑一样，扭曲着，散布在方圆百米范围内的大片泥淖。两个巨大的 Yzar 涡轮风扇发动机纠缠在一起，它们的发动机转子绞成一团。我没有看到任何尸体，甚至没有看到任何橙色的飞行服碎片。

> 图 28：“这种生物似乎不太适应自己的移动方式。”

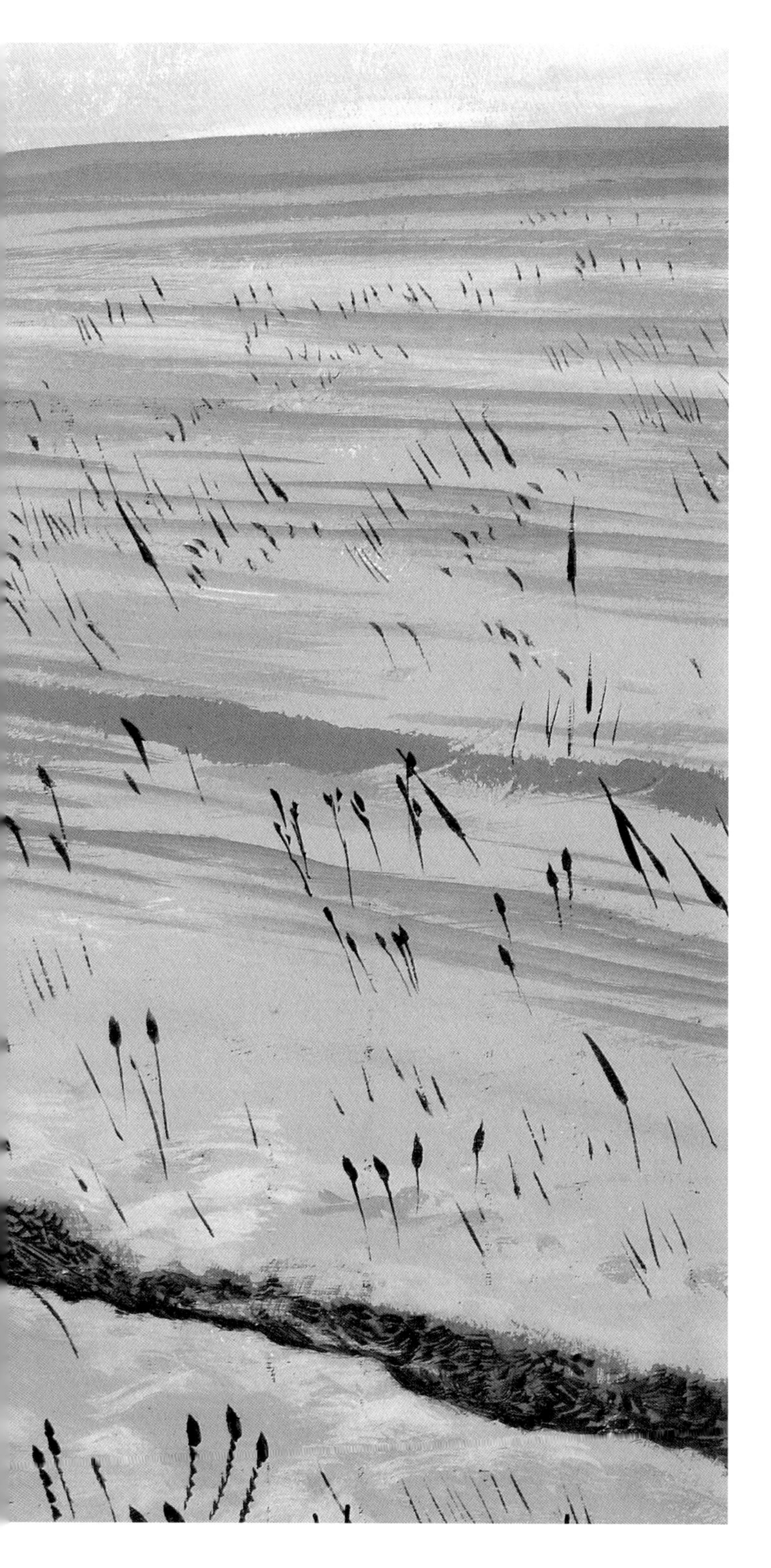

我接入“轨道之星”，传达了我发现的不幸消息和坠机点坐标。我被告知一个调查小组将在 1 小时内赶到。

两小时后，在接受了全面调查之后（其中包括对我电脑记录的完整下载），我被派去继续探索。驶离坠机点时，我可以从后方屏幕上看到清理小组的悬浮舱已经行动。等他们完成工作时，我同事在达尔文第四星球上遗留下来的任何物理痕迹都将被清除干净。我知道，他们也会认同这一做法。

我并不了解这两位异星地质学家，但他们的死亡让我感到非常沮丧。我的思绪不断闪回到坠毁现场和散落在那里的残骸上。我没有继续前行，而是用扬声器播放了肖斯塔科维奇的第五交响曲，靠在椅背上看荒凉的苔原。或许，这也可以算是我对他们的一种悼念吧。

交响乐结束后，我又投入到工作中。我决定沿着冰川的边缘飘浮，边走边观察裂缝表面。冰川的蓝色冰面高低不一，有时高达数千米，其他地方则只有几米高。在它面前的地面上，散落着从断裂的母体冰川上脱落下来的碎冰块。它们被风和太阳雕琢成了最奇特的形状。苔原看起来就像一个巨大的棋盘，上面有数百个白色尖塔状的棋子，在稀薄的北极阳光下缓慢融化。

在离开坠机点约 1 小时后，我绕过一个冰川出口，遇到了 6 只黑色生物。它们缓慢地匍匐在近乎冻结的地面上，在地表留下长长的沟壑，痕迹延伸到数百码之外。基于这些沟壑的印象，我将这些生物命名为“苔原犁兽”（Tundra-Plow）。两条肌肉发达的臂膀末端是脚蹼，拉动 3 米长的身体，留下沟壑和小土堆。每一次划动都会从鼻孔中喷出一股高高的水汽，这些水汽在与寒冷的空气接触时会结成冰，像雪花一样落在它背上，当

苔原滑兽的铲状喙能够穿透冰封的土地，从苔原下挖出雪球茎。弯曲的脚同样擅长在冰面和泥泞的地面上行走。这种动物的头部可以完全缩进，这是为了适应这个地区突然而至的致命暴风雪而进化出的独特且宝贵的特性。

它艰难前行时，厚重的黑色表皮会因这些水汽而闪闪发亮。我觉得，它们看起来似乎不太适应自己的移动方式，但这个物种之所以能在这样严酷的环境中生存下来，就证明我的想法大错特错了。

我肯定已经观察了这群苔原犁兽群至少 1 个小时（当我了解到它们真实的自然属性之后，我就开始这样称呼它们了）。它们走得很慢，有时，苔原犁兽会接近北极仙人掌（Arctic Cactus）或极地点草（Polardot），但很快这些植物就像被谁从下面拽走一样消失了，我对此感到非常困惑。

这些野兽相距 10 米，彼此平行，在我观察它们的 1 小时内只走了大约 40 米，它们发出尖叫声，喷出水汽，像犁地一样翻动着土壤。

直到一段时间后看到一具死去已久的苔原犁兽的干尸，我才明白苔原犁兽身体的很大一部分在它们活着的时候是看不见的。一个巨大的呈三角形的骨质犁在地表以下行进，切割土壤并将其推入 6 个等待过滤水分的口槽中。犁底部的一个开口中延伸出一个空心的坚硬舌头，末端是一个垂直的卵圆形铰链结构。这个可伸展的口器无疑就是那个负责从下面摘取小型北极植物的器官。

因为被封闭在观察舱内，我对这具干尸标本的检查并不尽如人意。我的悬浮锥包含一套复杂的传感器和感应器，旨在测量生物的生命体征，但伊玛人没有提供检查和保存死亡组织的方法。也许这是一个疏漏，或许这是他们哲学理念的一部分。无论如何，我觉得这个腐烂的标本可能是收集和开展进一步研究的绝佳选择。唯一可能引发争议的来源就在于：尸体内寄生的微生物数量极少。但是，当我给“轨道之星”打电话请求许可时，我却在无意之中被卷入了一场长期而激烈的争论。我不知道探险队的其他成员也曾经提出过类似的请求。我记得我花了整整 10 分钟的时间来抱怨官僚主义的僵化。尽管我们都完全

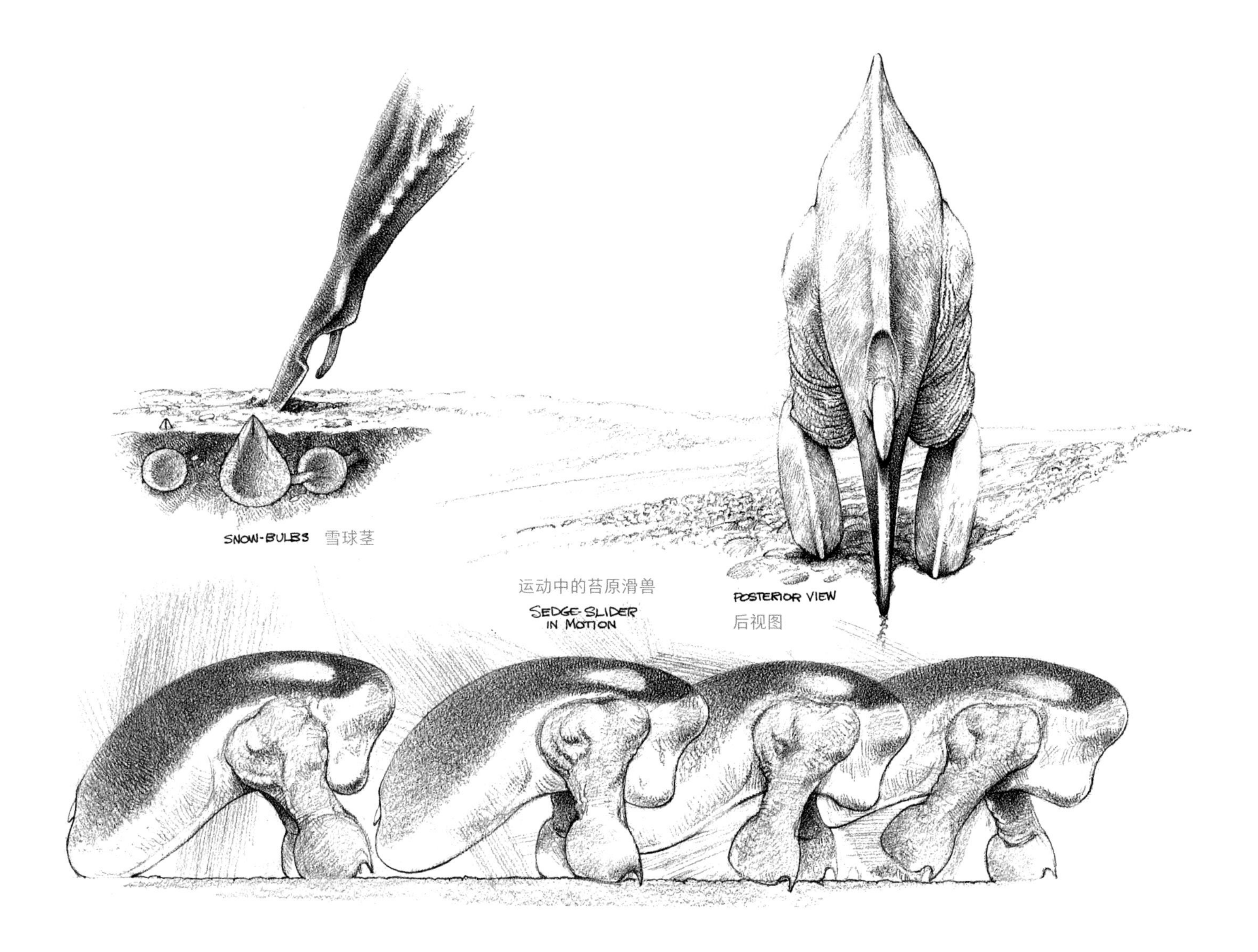

同意伊玛人的目标即保护达尔文第四星球不受影响，但有些情况还是充分体现了探险队指挥部的死板作风。当然，达尔文第四星球现在和将来都会因为伊苏德博士和伊西尔博士的死亡而受到影响。

在距离坠机现场几千米的地方，我听到了一些极其响亮的信号音，再走几千米，我就看到了它们的来源——3 头笨重的苔草滑兽（Sedge-Slider），在风暴退去后的黑暗中，它们巨大的粉红色生物灯如同灯笼一般闪烁着。起初，它们似乎并没有头，但随着天空越来越亮，我看到小小的黑色喙从它们前部的褶皱下伸出来。这些喙逐渐延伸，直到整个头部都露了出来。刚展露出的黑色头部在寒冷的空气中冒着热气，直到完全冷却下来。这些大型生物已经进化出一种独特的方法以在北极风暴中保护它们可以把头缩进自己有隔热保护的体腔深处。

苔草滑兽的动作并不快，它们用巨大的勾足费力地拖着自己 10 米高的身体划过松软的地面。它们是我在达尔文第四星球上发现的最吵闹的动物之一，总是有规律地敲击出震耳欲聋的

超过三分之一的苔原犁兽行进在地下，那里有食物和水分，其长而深的犁沟是亚北极景观的常见特征。它们长着牙齿的前荚会拽住植物的根部往地下拖，因此在草食动物行进时，所以在这些食草动物的前进路径上，往往会看到沿途的植物奇迹般地消失。

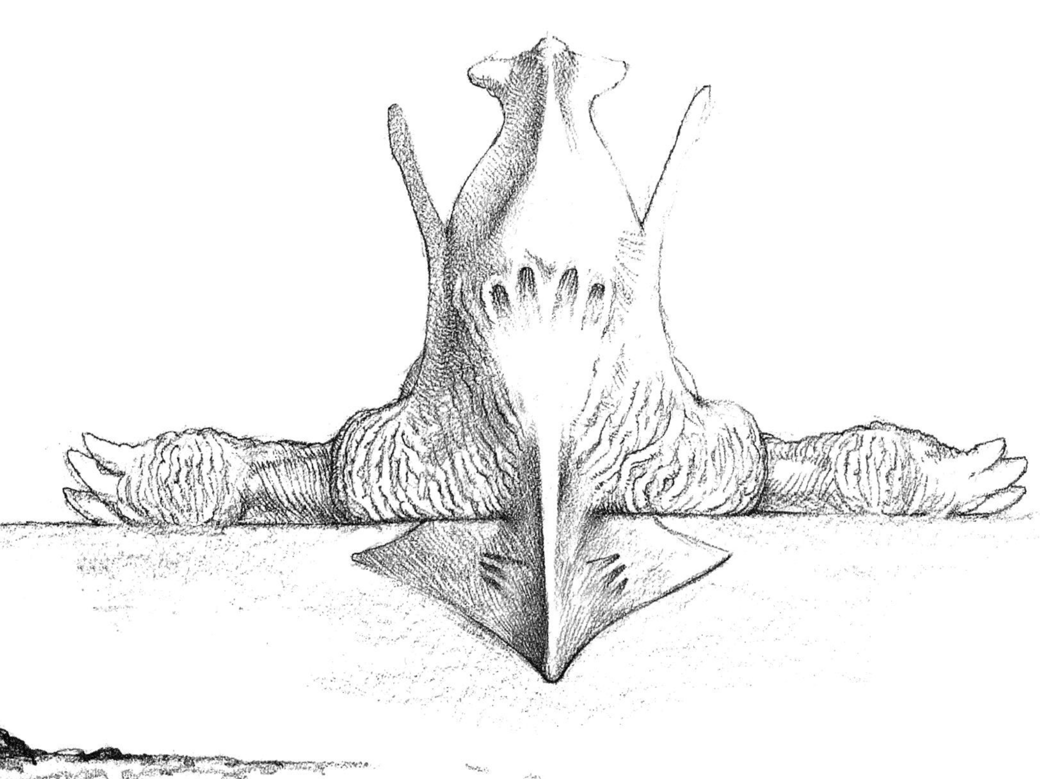

信号音。我发现即使关闭内部扬声器，这种噪声仍然让我感到不适。它们的振动似乎让悬浮锥里每一个松动物品都开始晃动起来。

苔草滑兽是一种温和的动物，它们在冰冻的北极土壤中安静地挖掘地下的雪球茎（Snowbulb），这是它们的食物。它们前进时，望着它们身后的地面，我有一种感觉：它们就好像是一群工作中优柔寡断的古生物学家，东挖挖、西挖挖，在四处留下深深浅浅的坑洞。

画了半个小时的素描之后，我发现了这些生物为什么需要特别响亮的信号音。由于靠近冰川，苔草滑兽已经发展出了将声呐信号反弹到冰墙上的能力，事实上，这似乎是它首选的回声定位方式。在我观察滑兽进食的一个多小时里，其中一只总是停留在冰川壁附近，将信号反射到苔原上，其他动物则保持沉默。我的声呐分析表明，这些信号不是单一的，而是同时向多个方向发出的多重信号。返回信号的复杂性一定也很强，这就解释了为什么这些生物身体上有巨大的声呐突起。大自然像以往一样善于把握机会，充分利用了冰川和它的声学能力。

我对那些嘈杂的信号音感到烦躁，但当我看到这些生物拥有如此复杂的生存机制时，厌烦转变成了欣赏。只有聪明的北极螺舌兽才能抓住不小心的苔草滑兽。

叹息兽和木乃伊巢穴飞兽

UNTH AND MUMMY-NEST FLYER

亚北极地区的生物群落带给我的谜题比达尔文星上的任何其他地区都多。其中一个困扰我已久：那是一个春日——我正跟着一群迁徙的叹息兽（Unth）穿过德威尔岬角（Promunturium Weddell）附近的平坦苔原。叹息兽因每迈出沉重的一步声都会伴随着巨大的叹息声而得名，春季到来时，它们会朝北方的产卵地前进。兽群里大约有两百头动物，神经能量几乎是可想而知的。大多数动物都到了繁殖期，许多都显示出妊娠时肚子胀大的样子。这显然是一个艰难的冬天，幼崽的数量减少了，兽群里所有的成员都显得有些消瘦。即便如此，它们穿行在莎草丛中的景象依然是一道壮丽的风景。

我不禁想起一年前，在秋季这些动物的发情期，我与它们相遇的一段经历。一场初雪覆盖了大地，低沉的灰色天空似乎预示着即将到来的严冬。这些高达 6 米的庞大叹息兽在交配前聚集在一起，尾巴和背部都积满了夏季贮存的脂肪储备。因为它们只有一种性别，所以除了幼年、病弱和年迈的成员可以免于仪式性的展示以外，其余成员都将它们的獠牙刺入雪地和泥土，或者在一旁跺脚号叫。这种吼叫声从它们侧面的 8 个开口中发出，声如编钟，有四个音调，深沉而优美充满了痛苦的欲望。

图 29：它们的踩踏声和狂野的号叫声在冰冷的空气中回荡。（初步草图）

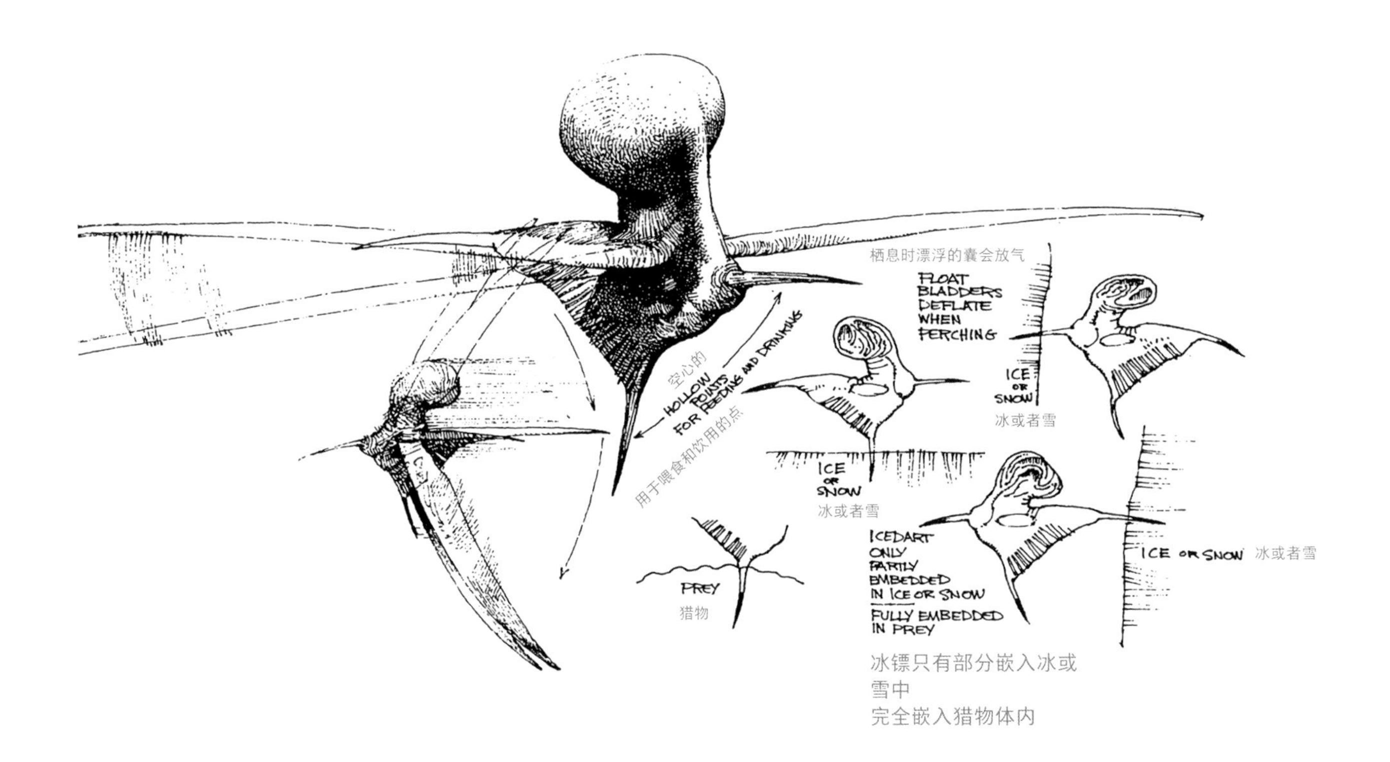

它们的叫声在方圆几英里以外就可以被轻易听到。

在我悬停在兽群之上为几只幼兽画素描时，突然看到两只大叹息兽在进行仪式性决斗前发出烁烁生物光焰。它们站在原地快速旋转，抛起雪块和土块，并发出巨大的响声。突然间，它们停下来，面对面站着，摇晃头部，并用獠牙剐蹭着地面。有时，它们会发生轻微的推搡和獠牙的激烈碰撞，片刻之后又开始重新旋转起来，战斗的声音回荡在寒冷的空气中。

冰镖（Icedart）是一种比空气更轻的飞兽，在猛烈的北极风暴中用空心尖刺紧附在冰川上。由于从未看到它以附近的苔原植物或动物为食，人们认为它的营养来自冻结在冰层中的藻类和微生物。

这种模式会不断重复，直到其中一个败下阵来或发起攻击。不管这些挑衅行为的触发因素是什么（我肯定不会称之为爱），这都足以促成一对交配伴侣。为了交配，每个伴侣都必须经受并配合其潜在伴侣的攻击姿态。战斗是对叹息兽配偶兼容性的最终测试，而且我相信这也是动物性刺激的一个必要元素。战斗似乎会释放出两只动物的信息素，激发交配的冲动。

我观察了很多挑衅行为，其中许多以不相容而告终。有时，如果发生战斗，失败者会因受伤或太疲惫而无法交配，在这种情况下，它们就会留在原地。然而大多数情况下，两只动物会进行交配，并且生出力大无比、耐力持久的后代。秋季的发情期持续了大约三周，根据我的记录，在此期间大多数个体至少参与了三次争斗。之后，兽群转移到越冬地带。我知道，它们将在春季中期产崽。

环北极苔原地带的春天是一个万物复苏的时刻，水已经被困在永久冻土层的海绵状土壤里达数月之久，而当这些水开始融化，便赋予了这片土地以生命。低矮、坚韧的苔原植物遍布四野，焕发出生机。无数闪烁着微光的芽点从黑色大地上冒出来，像是铺满星星的地毯。融化的雪和松软的土地也唤醒了大量冬眠的碟形飞兽，它们振翅高飞，盘旋着升入空中。大一些的动物在温暖的环境中也变得更加活跃。太阳的光芒像记忆中的爱抚，降临到北极，为植物和动物注入重生的欣喜。

显然，在我下方喧闹的叹息兽群感受到了季节性重生的兴奋：它们冰冷僵硬的皮毛和关节更容易弯曲，也感受到了不可抗拒的繁殖力量推动着它们穿越贫瘠的苔原。空气中弥漫着它们独特的空洞的声呐，叹息兽以 10 只或 12 只为一群向它们旧时的产崽地走去。

叹息兽群在木乃伊巢穴中分道行进

在我追赶叹息兽群的三天时间里，我看到兽群为避开路上的障碍物而分道行进。我待在兽群后面一百米处的有利位置仔细观察，无法确定这个障碍物究竟是什么。我甚至不确定它是动物还是无机物。随后我就看到，它的顶部有暗淡的黄色生物光，这意味着这个物体是有机的，或曾经是有机的。

只不过，现在它是一个扁平的干枯外壳，与其说是动物，不如说更像是晒干的蔬菜。但之所以会这样，是无情的北极风而不是太阳把这个生物塑造成了如今这种干燥的状态。

叹息兽有两对鼻孔，分别起不同的作用。前一对是用来呼吸的，后面一对是喇叭型器官的进气口。叹息兽的舌头可以穿透冰层，吃掉雪球茎而不必挖掘它们。

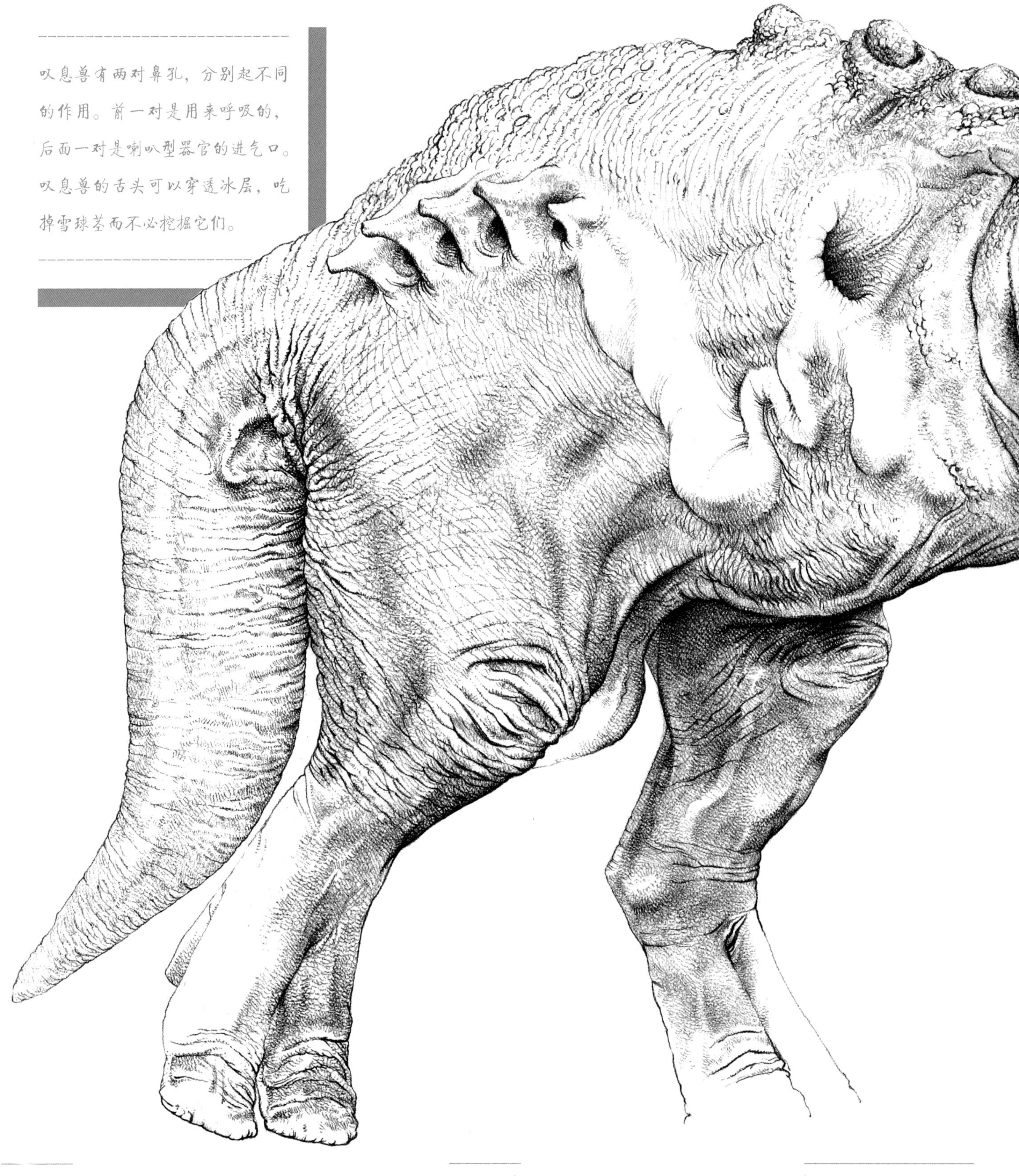

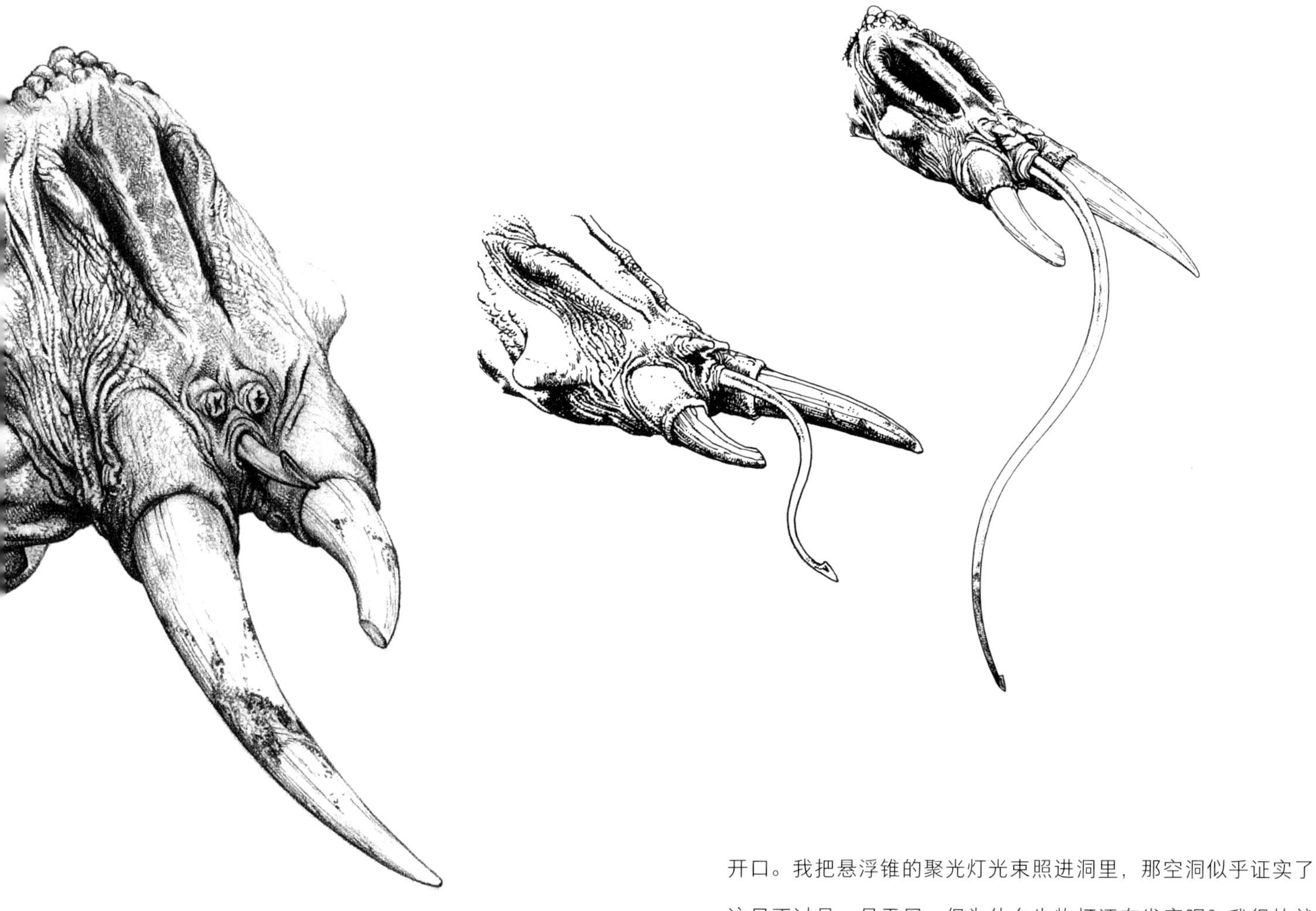

当我走近后，其奇怪的表面特征就显得愈发明显：蜷曲的管子在起伏的褶皱上扭在一起，环绕着括约肌状的孔洞。怪异的巴洛克式纹理让人根本看不出这个生物的原本样貌。更显著的特征，如背侧的鞭状附肢和前面的腿状肢体，也同样令人困惑。

我绕着这个三米半高的木乃伊转了一圈，直至转到它“头部”正前方。在发着微弱光亮的生物灯下面，有一个黑洞洞的开口。我把悬浮锥的聚光灯光束照进洞里，那空洞似乎证实了这只不过是一具干尸。但为什么生物灯还在发亮呢？我很快就找到了答案。

突然，我捕捉到一只飞兽的尖锐鸣叫声，它正迅速朝我飞来。顷刻间，我就看到那个小东西，它开始在我和木乃伊周围盘旋。看上去，它似乎很不安（也许是我把它拟人化了），于是我决定后退几米。在我后退的一分钟内，那只黑色的飞兽俯冲下来，扇动着的翅膀几近模糊，随后落在木乃伊的“头”上，消失在了洞里。我等了整整一个小时，希望看到飞兽再次出现，但它始终没有。

> 图 30：“扇动着的翅膀几近模糊，随后它落在木乃伊的头上。”

它行将就木的样子是如此地令人信服，所以直到那时，我才想到对这具尸体进行红外扫描。尽管有生物光，这具冰冷的躯壳看起来就像苔原上任何死去的生物一样被彻底风干了。直到最终进行了扫描之后，我才意识到这个神秘生物的木乃伊巢穴正在为小飞兽们提供温暖和庇护。

我的最后一项任务是试图推理出巢穴生物和飞兽之间的关系。尽管这看起来很困难，但当飞兽进入外壳时，我得到了一个小小的线索。当它倒退进入“头”腔时，我注意到它的构造似乎与开口的边缘一致，仿佛两者曾经是连接在一起的。这使我推测，飞兽和外壳本是同一种生物，后来在飞兽发育的某个阶段分开。我的结论是，外壳在飞兽的照料下仍然维持着生命，并在恶劣的气候下给飞兽提供庇护。我没有证据支持这一理论，而且这是所有探险队成员遇到的唯一一个个体，我将永远无法确定答案。不过，我还是自作主张地把它命名为木乃伊巢穴飞兽（Mummy-nest Flyer）。

我跟随叹息兽群重新开始了我的旅程，并与它们待了几个星期，我做了笔记，画了一些铅笔画。在这几个星期里，一个令人担忧的谣言开始在探险队员中流传。据说，有个间谍把达尔文第四星球的坐标泄露给了外星狩猎集团。还有谣言说，有些探险队员已经发现了遥控狩猎无人机（这些无人机通常与载着狩猎者的轨道飞船相连，他们坐在舒适的扶手椅上策划并控制杀戮）。虽然从未见过任何引起我怀疑的东西，但每每想到可能发生的事情，就让我感到很恶心。

当然了，我下方的兽群对这些传言毫不知情。每隔几天，叹息兽就会在找到一片盛产黑叶雪莲块茎（它们的主要食物）的田野里停下来。这些浅根的多肉植物生长在土壤表层之下，在环北极地区相当常见。叹息兽用獠牙翻开数英亩（英美制面积单位，1 英亩 =0.004047 平方千米）的表土以获得这些植物，然后用长长的进食管将其吸干。

几个星期后，叹息兽们终于到达了目的地，一个距离冰川壁只有几千米的平原。我看不出这部分苔原和其他地方有什么不同，但疲惫的叹息兽们似乎是松了一口气，感到很满足。它们对北极的螺舌兽、飞叉兽和其他掠食者始终保持警惕，然后在地上挖出大洞，我（正确地）认为这些凹洞会成为它们幼崽的栖息地。叹息兽反刍了大量从附近田野获得的雪球茎浆，倒在洞里。这些浆液会固化，为活跃的幼崽提供可以食用的巢穴软垫。

很快，空气中就充满了分娩的声音。在这几天里，信号音、呻吟声和叹息声在附近的冰川上回荡着，传到了几英里（1 英里 =1.609344 千米）外的空旷苔原上。繁殖区成了数十只小小的、没有獠牙的叹息兽幼兽嘈杂的托儿所。尽职尽责的父母轮流去收集喂养幼崽的食物。活动和噪声无休无止，通过眼前的这一切，我感到自己正在目睹这个物种数百年来未曾改变的行为。

在观察北极叹息兽的许多个星期里，我发现它们完全适应了我的存在。这是我在达尔文第四星球上最愉快和最平静的几

个星期之一。年幼的叹息兽和它们庞然的父母在冰川边缘亲吻和嬉戏着，这一切让我感到非常享受，之前因思念妻子和孩子而产生的孤独感因此得到了缓解，不再增加。只有悬停在繁殖地附近时，我才会感觉到它们对我的接近颇有不满，为了避免发生任何可能危及幼崽的风险，我决定撤离此地。离开时我打开了扬声器，听着苔原上新生命的声音在远处消失。

这就是木乃伊巢穴在移动时可能的样子。它的头还没有脱离，成为独立的飞兽，钻进曾经是它下半身的干枯的壳里，并以此为食。

冰原爬兽和霜奔兽

ICECRAWLER AND RIMERUNNER

我花了好几个月的时间，绕着这片覆盖了达尔文第四星球北极地区的巨大北部冰冠环行。在我们的两名科学家不幸丧生后，鉴于北极天气的不可预测性，我被警告（但没有被命令）不要尝试任何跨越冰川的探险，因此只能满足于探索哈德逊高原（Planum Hudson）的苔原田野。

我这几个月的大部分旅行都是在达尔文第四星球的北极暮光中进行的。永恒的黄昏让我非常容易发现动物，因为它们的生物灯会不断显现。然而这并不是唯一美丽的光源。通常，在巨大的冰川高处，我可以看到广阔的、爆裂的极光在闪耀，为B14和B15的峭壁展现出一片恢宏的背景。奇妙光影反射在冰川的背面，就像给冰川注入了充满生命力的光辉。

几天来，我飘浮在成片的蓝鞭草和极地点草的低矮苗床上，冰川一直在我的左侧。我经常会发现一些区域，上面有纵横交错的拖痕，这与居住在山脚下的滑骨兽留下的痕迹并不一样。然而，这些痕迹的规模和前肢的划动方式也不同的，因此我猜它们是不同的物种。

图 31：“我决定沿着冰川的边缘飘浮，观察它的裂缝表面。”

达尔文第四星球上的单足动物大多是气筛型的。抛肚兽（Belly-thrower）是一个例外，这是一种凶猛的捕食者，它会将胃从口腔括约肌中喷出，像网一样抛向猎物，然后慢慢拉回，开始消化不幸的猎物，尽管猎物那时还活着，拼命挣扎企图逃离。

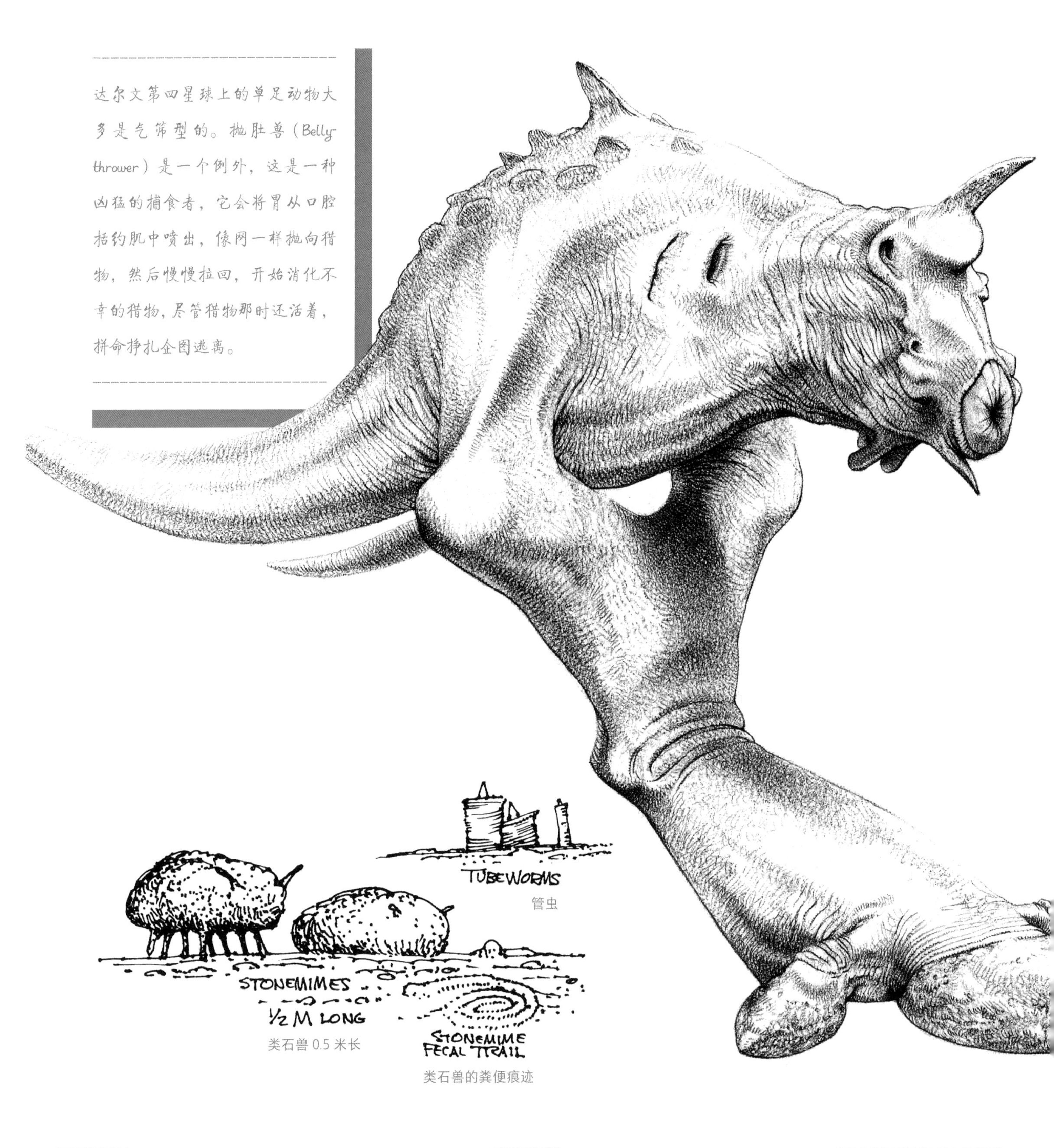

管虫

类石兽 0.5 米长

类石兽的粪便痕迹

MONOPEDALIEN

单足动物

一天傍晚的黄昏时候，我凝视着令人生畏的辽阔冰川，突然注意到大约 50 千米外出现了一连串小斑点。在这个距离上，我无法判断它们是冰块还是生命体，于是调整了悬浮锥的顶棚来放大图像，但天色阴暗，分辨率很差。我吃了晚饭，稍事休息，启动了涡轮风机。我非常清楚越过冰川航行的危险，但理性地认为自己不会走得太远。

我爬升到了冰川 150 米的边缘，其表面似乎散发着诡异的乳白色光芒。就像先前的数次飞行一样，我在冰崖上发现了无数小隧道口。它们成组出现，但我看不出明显的分布规律。

当我接近这 30 个左右的“不规则区域”时，正如我所怀疑的那样，我发现它们并不是冰，而是固定栖息在冰中的生物。每一个生物都嵌在一个半透明的囊泡中，而这个囊泡又被冻结在冰川的表面。这些囊体大约有三米长，光滑、坚硬，呈卵圆形。它们似乎已经存在了一段时间。虽然这些囊呈半透明状，但我依然无法看出内部核心生物的形状。可以看到有东西似乎在动，扫描仪只反馈出了最微弱的信号，大部分光束都被这种奇怪的、不透水的囊反射开了。

在接下来的一个小时里，我的调查没有取得什么进展。最后，我不得不承认失败，将飞船调转方向驶回苔原。

几个星期过去了，我出于好奇，又回到冰川上那些一动不动的生物所在之地。那是北极春天的开始，太阳显得很苍白，低垂在地平线上。我之前发现的那三十多个生物体，如今只剩下了五个。其中四个已经脱离了囊泡，它们的变化非常显著。

与我之前看到的令人困惑而没有特征的卵形生物不同，迎接我的是四只装甲生物，它们正忙着吞噬外部的囊泡。每只生

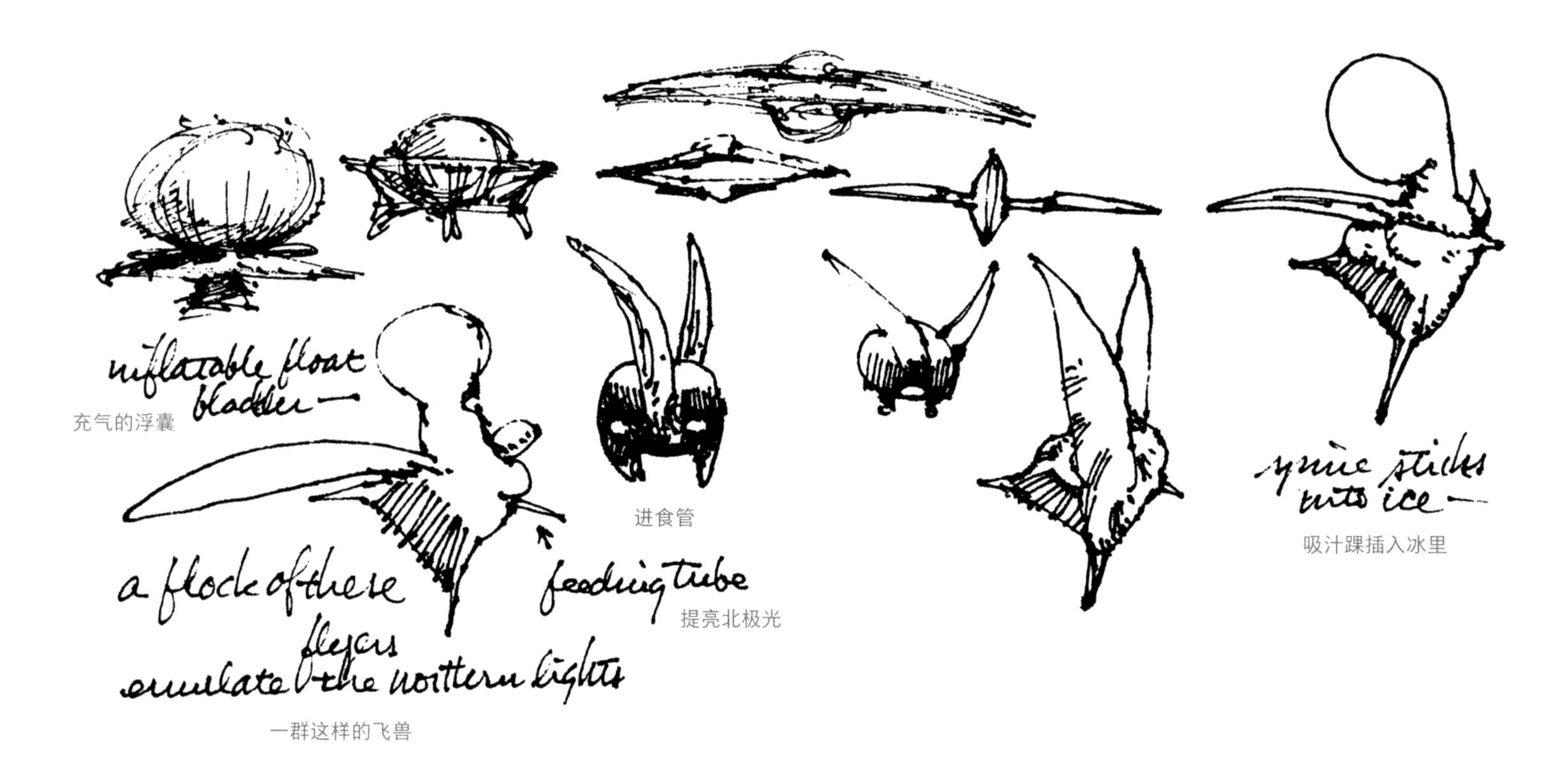

物都在被弃置的干瘪囊泡上方，不可见的嘴部将薄膜一点点吸了下去，直到最后什么都不剩。

第五只生物似乎一直在等待，要向我展示脱壳的过程。在我的注视下，它有些干瘪的囊鼓胀起来。显然，囊是由于生物的呼气而膨胀起来的，在爆裂之前，囊膨大的比例非常惊人，爆裂产生了滑稽的胀气似的声音，还释放出一团冰冷的水汽。囊泡内部的压力肯定相当大，随后 20 分钟的休息，以及大口大口的喘息，都表明这只动物已经精疲力竭了。

完全展露出来的冰原爬兽几乎和它们在卵囊中时一样神秘。没有腿或脚，甚至连头都看不见，每只动物都被灵活而又紧密连接的装甲板覆盖着。由于没有什么特征标识，我甚至无法区分它的头和尾。

这些生物把囊泡吃完以后，便开始以惊人的速度在冰面上移动，每一只身后都留下了一条不自然的光滑痕迹。只有通过它们的移动我才能获取一些线索，得知哪一端是头部。随着它们的移动，我注意到冰上有许多条笔直的痕迹，我想这就是那 25 只缺席的冰原爬兽留下的。

我很难跟上这些两米长的动物，因为它们以相当难以预测的方式在冰上滑行。其速度接近 35 千米 / 时，对于一种没有可见的腿或推进系统的动物来说，这看起来确实令人难以置信。我跟在它们身后约 30 米处，看着它们在冰川表面以“之”字形移动。我猜想，它们正朝着大约 3 千米外一块富含藻类的褐色冰块前进。到达那片冰面时，我很欣喜地看到它们放缓速度停了下来。我调高了座舱顶部镜面的放大倍数，但一点用都没有。冰原爬兽开始进食海藻，一边在它们身后的冰面上留下了奇怪

对称兽（Symet）的前后对称性使空中的捕食者感到困惑。许多捕食者以高速俯冲的方式发起攻击，但它们的对称性往往使捕食者直到最后一秒才知道它们的行进方向。

RIMERUNNER IN HIGH CONTRAST — B14 B.G. — GREY SKY
POSSIBLY ADD SNOW FALLING — ORANGE SHOULD BE VIVID

霜奔兽在高对比度下——B14 作为背景——灰色的天空
也许增加一些落雪会让这抹橙色更加生动

的扇形凹痕，然而就像它们看不见的四肢一样，我现在也依然看不到它们的进食器官。

当我全神贯注地盯着冰原爬兽时，另一种生物突然进入了我的视野。我模糊地看到一只黑色的动物在冰面上快速移动，于是迅速重新设置了座舱顶部镜面的放大倍数，以便更好地观察。这个最新出现的动物是霜奔兽（Rimerunner），一种我听说过但从未遇到过的冰栖单足生物。当它冲过冰川时，我意识到这可能是我观察这种难以捉摸的生物的唯一机会。我决定转而跟踪它，放任冰原爬兽去觅食。

我将悬浮锥向后退了几米，以便更好地判断目标生物的行进方向，随后启动了涡轮风机。霜奔兽正朝着 B14 的大方向跳跃，而我并不打算把这个地点加入探索列表中。我已经贸然越过了冰川，因此只允许自己在有限范围内追逐。

和达尔文第四星球上的大多数单足动物一样，霜奔兽也是一种弹射式跳跃动物，复杂的骨盆上联结着一条强有力的腿。这种小型生物与它的陆居表亲不同，速度并不是很快，我把这一现象归因于在冰上行动固有的问题。背部的深色斑纹给它带来一种像是戴着兜帽、略有威胁的样子。

当它抬起宽大的三趾脚时，我可以看到它为了增加在冰上的抓地力而进化出的适应性特征。它的脚掌垫上有深深的纹路和凹槽，每一次落脚，都能看到它的脚垫展开来并紧抓冰面。每一道褶皱可能都有一些额外的微观结构，以进一步增强抓地力。

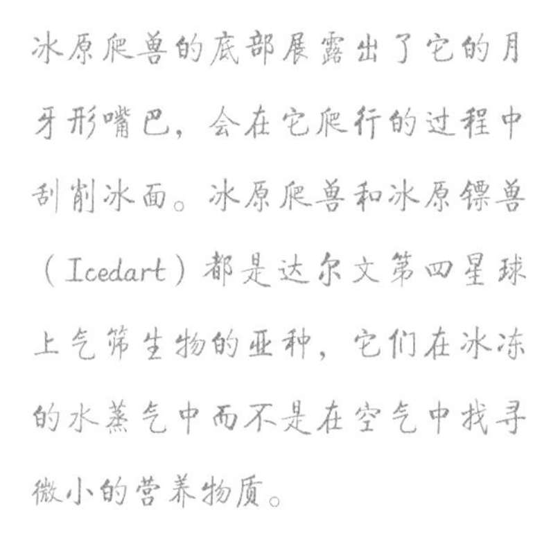

冰原爬兽的底部展露出了它的月牙形嘴巴，会在它爬行的过程中刮削冰面。冰原爬兽和冰原镖兽（Icedart）都是达尔文第四星球上气笛生物的亚种，它们在冰冻的水蒸气中而不是在空气中找寻微小的营养物质。

霜奔兽的特别之处在于它几乎独立于身体的“感觉包”，这些“感觉包”会随着它的移动同步行进。起初，我对这个降落伞形状的结构感到十分困惑，它看起来像是即将被霜奔兽捕获的倒霉猎物。的确，因为霜奔兽只会在它的“脸部”垂直裂开，“猎物”被全部吸进去之后，才会停下脚步。我曾

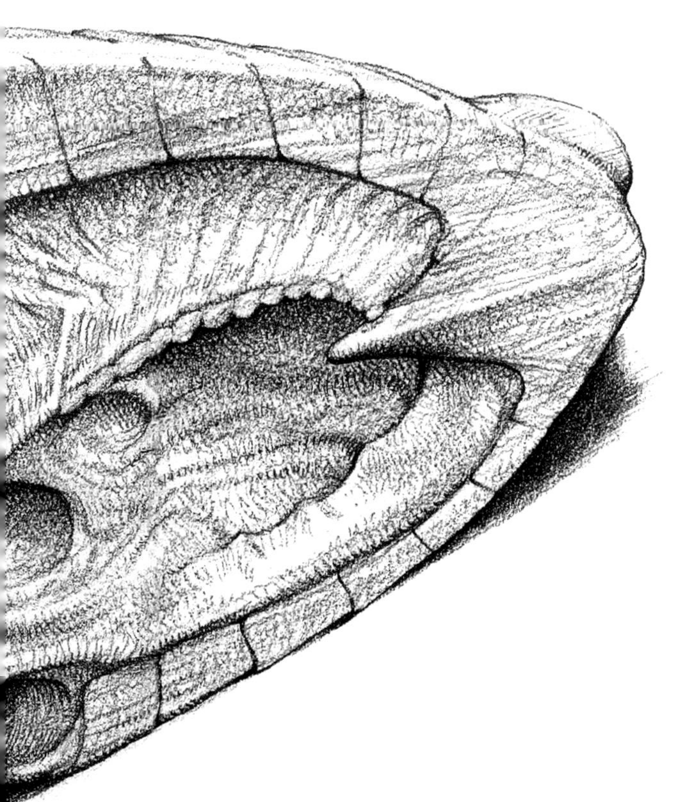

猜测这是它的进食行为，但这与事实相去甚远——现在，这只动物把“猎物”吐了出来，又开始奔跑了！

当我放大并仔细研究这张图片时，我发现这个圆顶形状的橙色结构是通过极其细微的神经线连接在霜奔兽身上的。我还看到该结构扁平的后部有许多虹吸孔，每个虹吸孔都在不断地喷气，以确保让其始终位于身体前方。这是生理构造上的奇迹，即使现在我也不能完全确定它的功能。霜奔兽的声呐信号显然是从它的身体内部发出的，我想它的大多数其他感觉器官也是如此。仔细观察这个飘浮器官的结构，我注意到器官前端有一个微小的、类似虹膜的开口，我推断它可能是一种原始的光收集结构。在达尔文星球的意义上，无论它是一种超前进化还是正在被抛弃的退化器官，我都无从知晓。但我总觉得这就是某种残余的器官。

当霜奔兽无视我的观察行为而一头冲过冰面时，我注意到它的腿上附着几个紫色的管状卵囊，并意识到这个生物可能会在几周内死亡。这些带倒钩的卵属于一种极富攻击性的外寄生飞行生物，它被恰如其分地命名为刻翼兽（Carver-wing），一经孵化就会迅速地吞噬宿主。即便是现在，这些卵也在消耗着霜奔兽的能量。虽然理性告诉我，寄生现象是符合自然规律的现实，但是看到一只正值壮年的动物注定要走向这样的结局，我仍然感到难过。

我跟着霜奔兽走了一个小时，直至达到极限距离，这才停止了追逐。当我目送它朝山里跑去时，它跌跌撞撞地倒下了，随后又再次站起身来。也许是我误判了它的存活时间。

我回过头去找那一小群冰原爬兽，但它们已经离开了，只在冰川上留下扇形进食痕迹、运动轨迹和它们的排泄物。

我转向南边，离开了冰川。苔原在我的下方延伸开来，像一块灰绿色的天鹅绒地毯，上面点缀着风蚀巨石。软化的土地沐浴在初升太阳的温暖之中。

> 图 32：一只气宇不凡的飞兽，黑檀色气泡翼兽（Ebony Blisterwing）。

空中

THE AIR

飞叉兽和对称兽

SKEWER AND SYMET

一个秋日，我早早起床，迫切地想要探索达尔文第四星球清晨的金蓝色天空。地球上污浊灰暗的天空与这里的纯净形成强烈对比，对此我一直无法适应。普热瓦尔斯基谷（Vallis Przewalski）的草地在我停放悬浮锥的周围绵延不绝，被洗刷成了秋天特有的灰绿色，薄薄的露水使阳光下的景象熠熠生辉。吃早餐时，我打开了音视频吊舱（VAP）的预飞行程序。这是一个小型远程控制器，我计划用它来追踪达尔文第四星球天空中的有翼生物。飞行前的检查按部就班地进行，吊舱的升空也很顺利。声控遥控器的相机盖在 300 米处打开，我在椅子上坐了下来，眼睛紧紧盯着显示器，准备进行一天的探索。

能见度极好，草原在高速飞行的 VAP 下方清晰可见，如水一般流淌。最终，沙漠景观取代了草原，像一片赭色的海洋一样延伸开来，低矮而崎岖的岩石丘陵宛如波浪翻滚。山丘之间散布着纤细的紫色柔枞，树干非常柔韧，在风暴中树冠甚至会触到地面。四周散布着几棵屠夫，立在那里摇晃着手臂，发出咔哒咔哒的声响，周围密布着耸人的遗骸。在遥远的地平线上的蓝色雾气中，一个暗色的斑点表明一群迁徙的双足动物正在低矮的山丘中穿行，远处传来它们齐鸣的信号音。

> 图 33：“当它们听到瞄准的信号音，我几乎能感觉到下方动物们的紧张情绪。”

飞叉兽的手风琴状翼部肌肉使该生物能够对控制面进行非常精确的调整。急速俯冲和长距离的滑翔，都可以通过增加或减少翅翼的浮空面积加以调节。

毫无预警地，一小群紫罗兰随翼兽从VAP后方飞出，向前方掠去。我提高了飞行舱的速度，以追赶这群两米长的飞兽，而这时，它们开始以惊人的精确度开始斜飞并转向。我意识到，想要单纯依靠手动操作去追踪，已经超出了我的能力范围，于是我启用计算机锁定目标，努力与它们保持步调一致。

十分钟内，我们就迅速接近了那群大型双足动物。它们正朝着一条蜿蜒穿过沙漠的宽阔河流行进。一片巨大的尘埃笼罩在它们的上空和身后，弥散在数英里的空气中。我们俯冲进入其中。

突然，VAP吊舱的接近指示器闪烁起来，显示有两只巨大的飞兽俯冲到了我和随翼兽的面前。刹那间，它们放慢了速度，跟随在巨大的表亲身后，像大型飞兽一样转弯、倾斜。它们的目标显然是兽群，我们靠近时，它们的超高频信号音变得更加急促。我把VAP推到前面，试图更好地观察那些轻松领先的巨大飞兽。它们是很强健的生物，翅膀有力，从头部伸出来的矛狭长而弯曲，散发出一股令人恐惧的力量。

当它们听到被瞄准的信号音时，立刻就意识到了这对生物及其随从随翼兽的存在，我几乎能感觉到下方动物们的紧张情绪。然而，兽群成员们并没有浪费时间去害怕，因为那毫无用处。整个兽群开始齐声鸣叫，试图干扰猎手的声呐。这种嘈杂的声音使我不得不降低内部扬声器的音量。

这两只大飞兽，或者说飞叉兽（Skewers）（我给它们起的名字）不折不挠，收缩起波纹状的皮翼，以惊人的力量发起了俯冲。它们的目标是一对掉队的动物，它们在兽群渡河时没有跟上。这些食草动物很是奇怪，躯干两端似乎各有一个头，当飞叉兽向它们扑去时，它们开始原地转圈。在一团聚集的尘土中迅速旋转。它们停了下来，我此时意识到我几乎无法分辨出兽身的哪一端是什么，为什么大自然为这些动物配备了形状和大小几乎完全相同的头和尾。对于一个依靠声呐识别的生物来说，它们呈现出一种令人困惑的形象。它们即将行进的方向完全是不可预测的。因为它们这种出于自保而进化出的对称性，我把它们命名为对称兽（Symet）。

在发起攻击的瞬间，我把VAP拉了回来，同时收到了一连

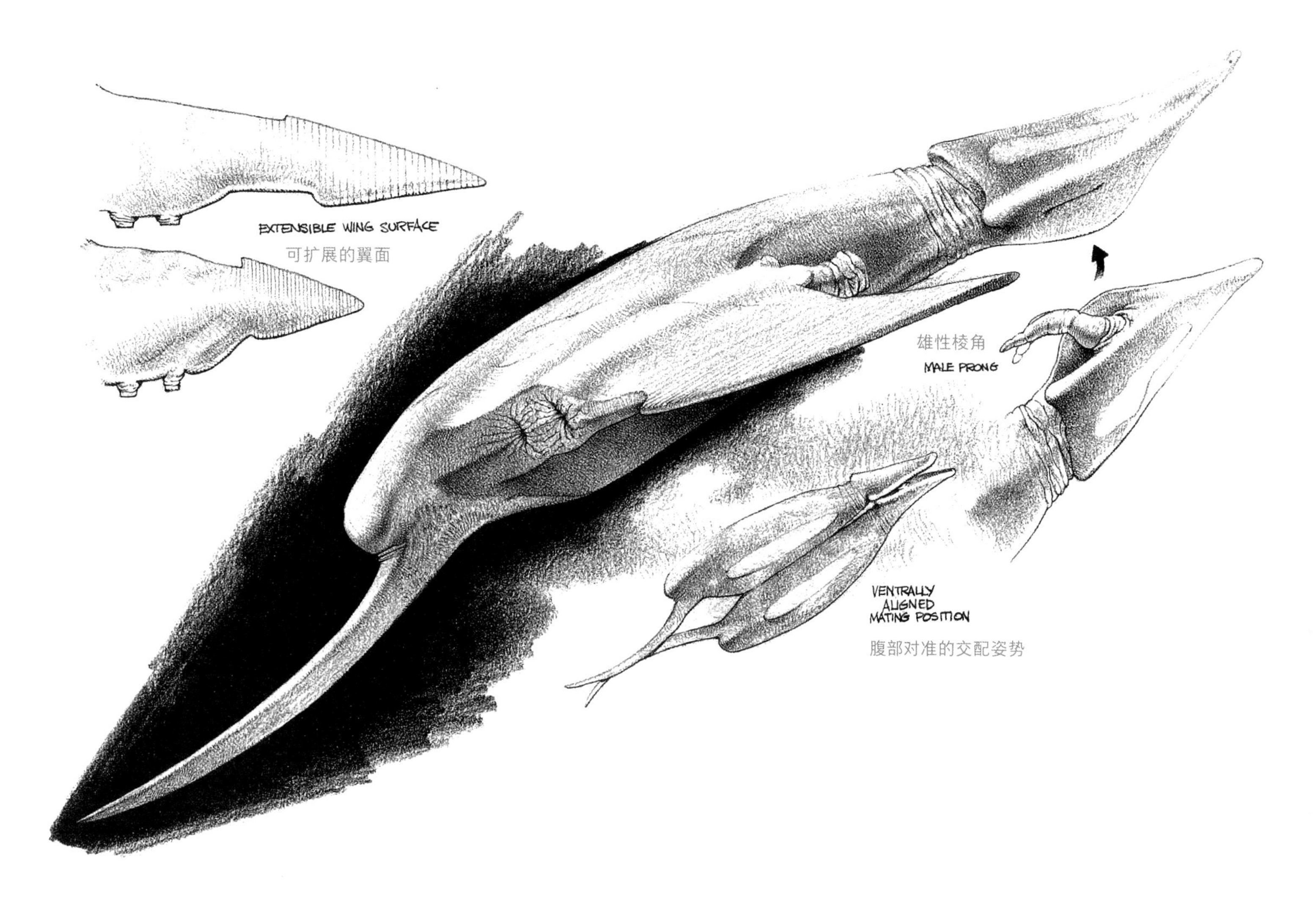

串非常清晰的击杀信号。出于概率的关系，其中一只对称兽跳开了，杀手调转方向重新飞上高空，以便进行第二次击杀。另一只就没那么幸运了，飞叉兽可怖的长矛全部刺入了它的脊柱下方。这一击把这头两吨重的生物两脚离地地抬了起来，当飞叉兽猛地将其拖到上空、离开沙漠时，尸身被牢牢地插在长矛上。食腐动物随翼兽陷入了狂热，向前飞冲，用垂直铰链的下颚咬住被刺穿的对称兽。一些肉块从动物身上掉下来，被其他随翼兽抢走。

翱翔的飞叉兽完全没有注意到这些食腐动物，它只顾着吸干尸体。几分钟后，当飞叉兽把它扔下来的时候，随翼兽们只能看到一具干瘪的外壳。食腐者们毫不犹豫地啃噬尸身的表皮，吃完以后又再次俯冲下来，对尸体进行了多次攻击，以至于最后落地的时候，除了骨头以外，几乎没剩下什么。

我们在达尔文第四星球上相对短暂的停留期间，没有其他掠食者能让探险队成员产生同样的恐惧和尊重。飞叉兽在空中交配，肚皮对肚皮，简直如履平地。它的活动范围遍及整个星

食腐翼兽（Scavengewing）进食腐肉时依赖于高度专业化的消化系统，因此能够吞噬高度腐烂状态下的食物。它从 1500 米的高空精准俯冲下落，从悬停模式转为进食模式，直接从目标猎物的嘴里抠出残留的腐烂食物，因此看起来反倒是被吞噬的一方。

球 90% 的地域，其狩猎和杀戮的能力无与伦比。基本上，一旦被它盯上，没有哪个动物能安全逃离，根据一条令人惊叹的目击记录，其中甚至包括帝王海步巨兽。这些捕食者以多达 30 个或更多的个体为单位进行狩猎，甚至可以战胜达尔文第四星球上体形最大的居民。

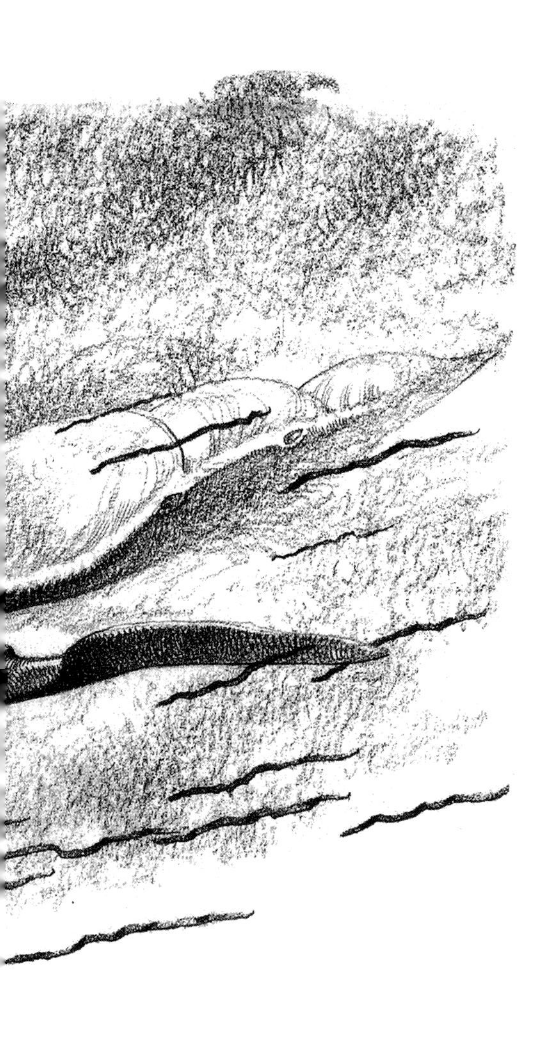

当 VAP 快要超出遥控范围时，我按下了自动返航键，并安下心来等待。吊舱会自己巡航并重新接入我的悬浮锥。这次经历激发了我对更多空中冒险的渴望，于是那天晚些时候我又发射了另一个 VAP。

几周后，我有机会研究一只刚刚坠亡的飞叉兽，它被卡在悬崖壁的缝隙里。我在探索一个旱地峡谷时偶然发现了它。这只飞兽的翅膀在坠落过程中被削掉了，而且还被食腐动物啃咬过，但令人高兴的是，它那巨大的头部仍然相对完整。我发现它的结构非常坚固，同时又很轻巧，有骨质结构支撑着可怕的“长矛”。长矛本身就是一个构造上的奇迹，它是空心的，内部有支撑结构，像钛一样坚固。我还认为它像最好的刀片一样，相当灵活。

自从第一次遇到飞叉兽，我就定期观察它们在火山磨刀峰上无数次磨拭它们的长矛。但眼前这位古老掠食者的长矛已经无法继续打磨了，前面的部分已经断裂，这种情况无疑是导致它死亡的原因。

在检查断裂的长矛时，我发现了一组尖尖的、带有甲壳素的舌头，每一根都能钻进肉里。原来，这就是飞叉兽在飞行时进食的方式。一旦猎物被刺穿，这些舌头就会从长矛上的凹槽中像蛇一样蜿蜒而出，穿透猎物的身体将其吸干。这是大自然神奇的矛盾之处：一种强悍的巨大动物，生存却依赖于脆弱的结构。这一启示使我更加尊重进化的奇迹。

褶皱漂浮者

RUGOSE FLOATER

我忍不住在伯顿山（Mons Burton）附近的空中跟随着这两只有着累累褶皱的漂浮者飞行了大约10千米。这是一种很慵懒的生物，没有任何紧迫感，它们徐徐地绕着宽阔的圆圈飞行，这使我能够很好地观察到它们。我称它们为褶皱漂浮者（Rugose Floater）。

它们在很多方面都是典型的漂浮生物，但我特别感兴趣的是它们都拖着肿大的、有上下鳍的小球体，扫描后我发现这些球体都是卵块。这些轻盈的卵球会在风中破裂并散开，将漂浮者幼小的后代散播到这颗行星的中层大气里。当我想到这一点，我推测这种缓慢的环形飞行路径有可能是为了使这些生物的卵得到最广泛的传播。产卵完成后，漂浮者恢复了更优雅的外形，鳍也会缩小成原来的新月形状。

在我的观察中，没有找到任何外部陀螺仪轴的证据，我因此得出结论：这些漂浮物有内部平衡器官。如果是真的，它们将成为达尔文第四星球的漂浮生物中独一无二的存在。

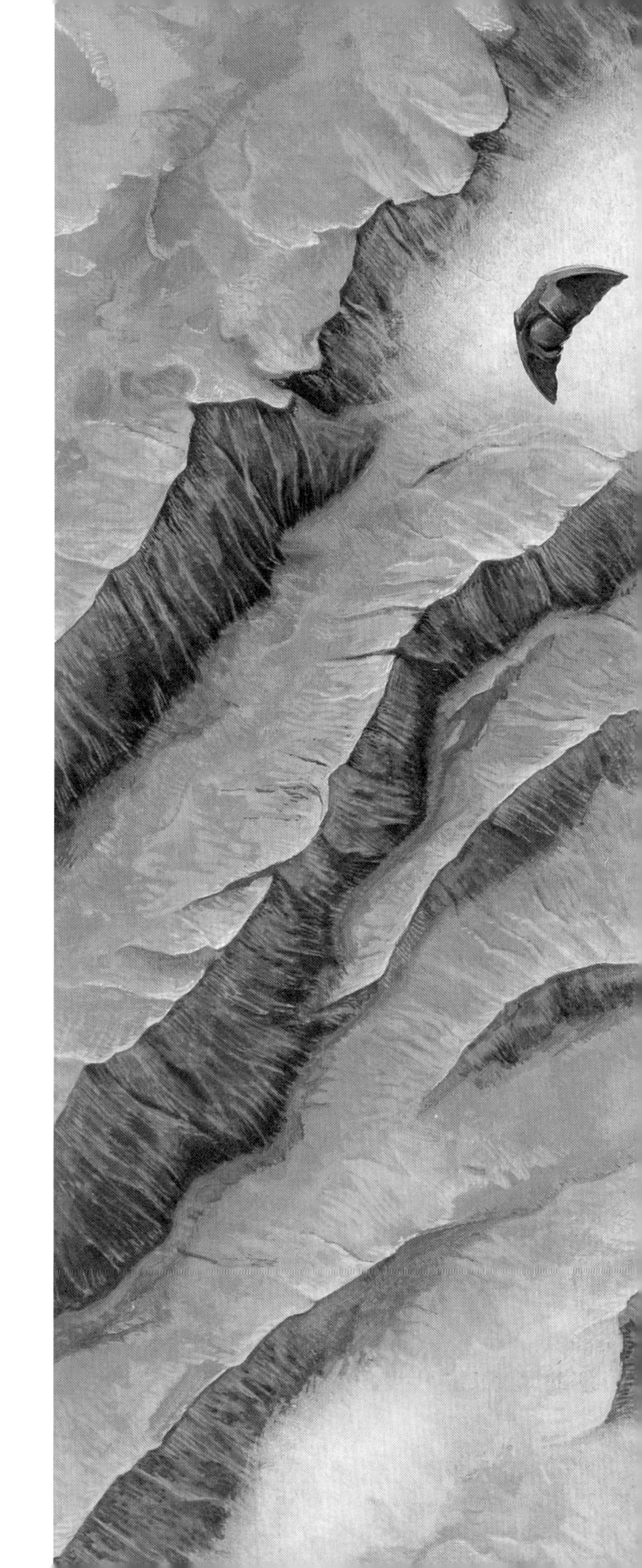

图 34：“它们一种很慵懒的生物，徐徐地绕着宽阔的圆圈飞行。”

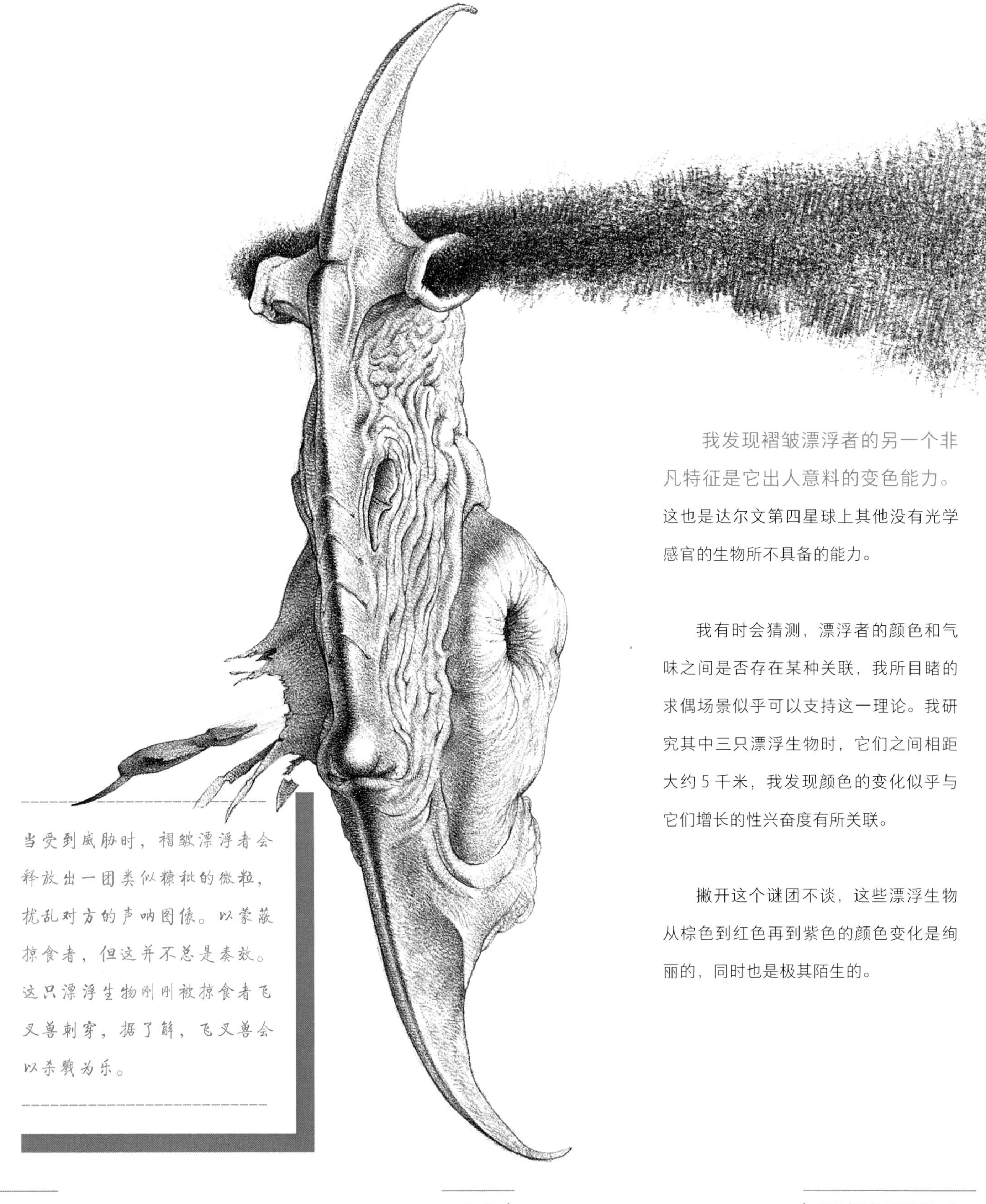

我发现褶皱漂浮者的另一个非凡特征是它出人意料的变色能力。这也是达尔文第四星球上其他没有光学感官的生物所不具备的能力。

我有时会猜测，漂浮者的颜色和气味之间是否存在某种关联，我所目睹的求偶场景似乎可以支持这一理论。我研究其中三只漂浮生物时，它们之间相距大约 5 千米，我发现颜色的变化似乎与它们增长的性兴奋度有所关联。

撇开这个谜团不谈，这些漂浮生物从棕色到红色再到紫色的颜色变化是绚丽的，同时也是极其陌生的。

当受到威胁时，褶皱漂浮者会释放出一团类似糠秕的微粒，扰乱对方的声呐图像。以蒙蔽掠食者，但这并不总是奏效。这只漂浮生物刚刚被掠食者飞叉兽刺穿，据了解，飞叉兽会以杀戮为乐。

双尾翼杆

Mk. IVA 悬浮锥

黑檀色气泡翼兽

褶皱漂浮者

飞叉兽

厄俄斯类人

VARIOUS CREATURES OF THE AIR DRAWN TO SCALE.

按比例绘制的各种空中生物

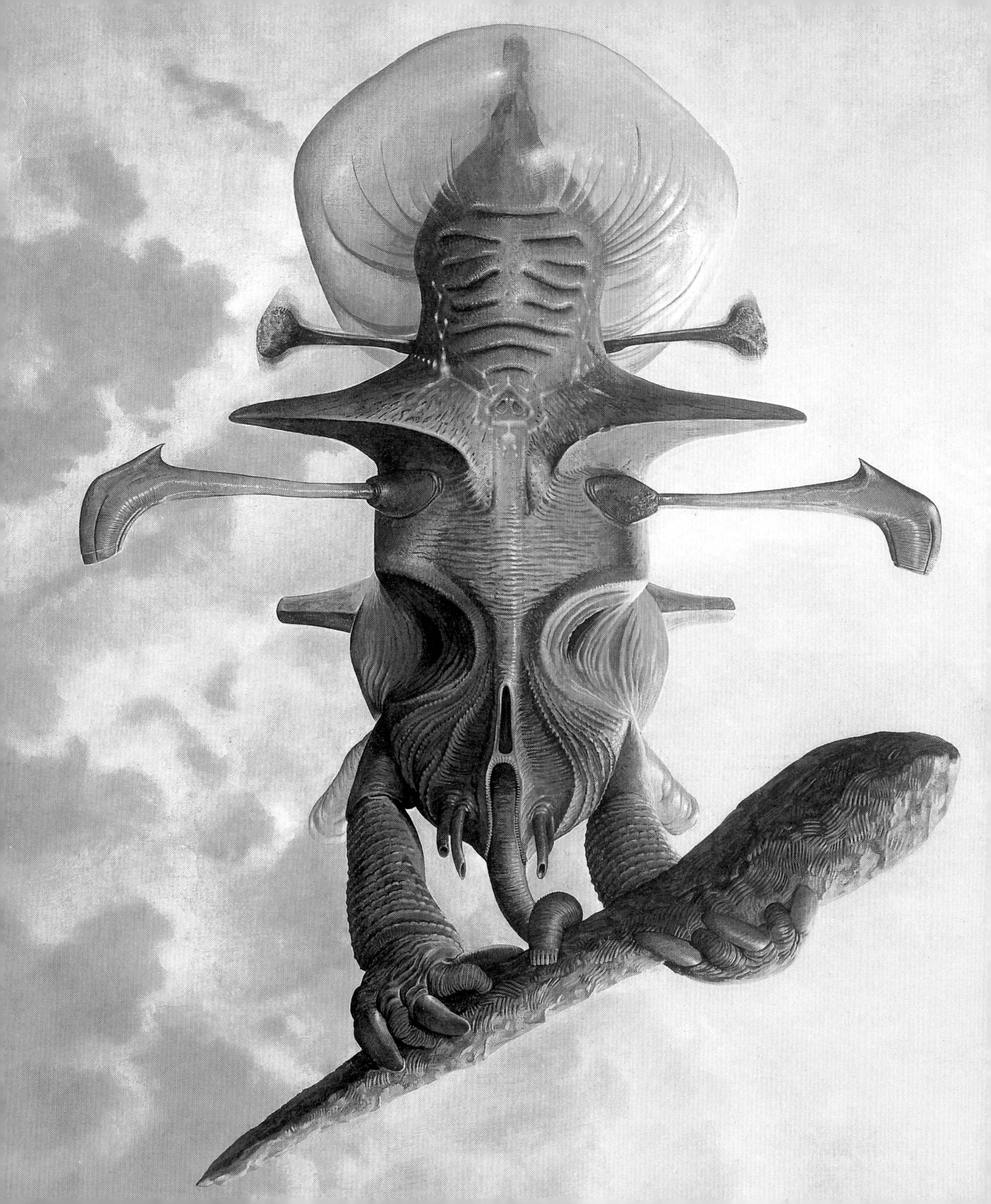

厄俄斯类人

EOSAPIEN

在离开达尔文第四星球的两星期前，我正在绘制阿米巴海高空研究的草图。那是一个完美的早晨，金黄一片，空气清新。蓬松的云朵在我身旁飘过，缓慢地奔向刚刚升起的耀眼太阳。在遥远的下方，紫色的幽暗处，随着表面以下的发光层开始变暗，阳光照亮了胶质波浪柔和的波峰。漂浮在温暖的风中，我意识到自己会非常怀念这个陌生的地方，并幻想将如何回来继续观察和艺术创作。我的遐想被屏幕上闪烁的橙色灯光打断了，这表明我建立的 30 千米的声呐范围已经被打破。

简短的分析表明，大约有 15 只两米长的飞兽阵列径直向我飞来。电脑告诉我，它们来自一个大约 100 千米外的漂浮源。更令人费解的是，这个源头似乎在移动！

有一瞬间，我感到十分不安，我想知道自己是否被某个未知袭击者的飞弹攻击了。我向神秘漂浮生物的方向发射了一个询问的声呐信标，几乎立即就得到了一个相同的、空洞的、类似回声一般的回应信标。震惊之余，我立刻联系“轨道之星”，以确定离我最近的探险队同事的位置。同时，我向飞兽发射了一个 VAP，并收到了一部分有关这个谜团的解释。探测

> 图 35：“它挂在我面前，仿佛在用它的外星感官探测我的悬浮锥。”

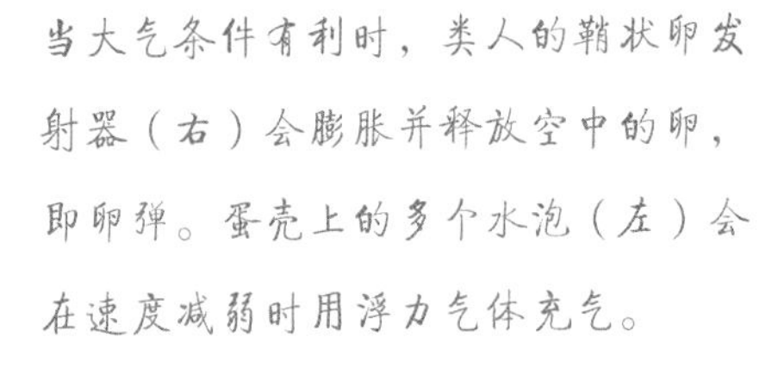

当大气条件有利时，类人的鞘状卵发射器（右）会膨胀并释放空中的卵，即卵弹。蛋壳上的多个水泡（左）会在速度减弱时用浮力气体充气。

器在 16 千米的范围内捕获了其中两个，并提供了风速和方向数据。但迄今为止，视觉效果是我收到的最有趣的数据。这些飞兽并不是我担心的来袭飞弹，也不是生物学意义上的真正飞兽。相反，它们是某种有机弹射物，因为亚音速飞行而变成流线型。在它们深色的壳质表面，我可以看到微小的水滴形囊泡，我很难猜到其作用。每个弹头的后面有四个凹陷的孔，每个孔都有一个安装在细柄上的椭圆形叶片，这些叶片会微微抽动以改变方向。

我的 VAP 紧随其后，一边飞行一边对它们进行扫描，用红外传感器更深入地探测，并发送回探测对象的一个类似飞镖形状的热成像。我发现，尽管弹头的外表很酷，内部却显示出一个代谢旺盛的小型生命体。热成像很模糊，但我确实能够感觉到这个生物是由甲壳质板、手臂和膀胱等部分组成的，并且都完美地嵌套在了弹头狭窄的空间内。我把 VAP 的追踪器锁定在这对生物之一上，然后忙着把悬浮锥路线设定为未知漂浮生物的前进方向。在接下来的一个小时里，我以固定的时间间隔检查 VAP 监视器，发现飞弹正在减速，而且随着减速而改变外部结构。小囊泡正在扩张，充满了我认为可能是空气的物质。最终，这个起先是飞弹状的物体变成了原来的四倍，并在风的摆布下漂移起来。

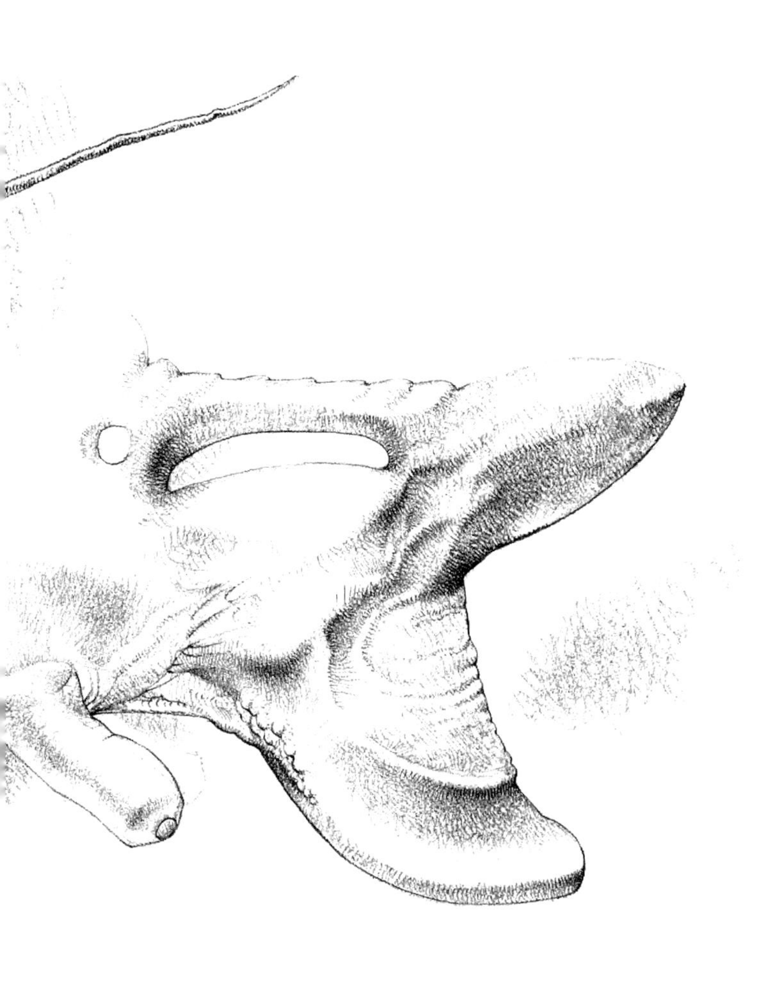

我一头扎进薄如蝉翼的金色云层中，拼命驱动着悬浮锥。当采集铃响起时，悬浮锥开始自动悬停。云层分开，我惊讶地睁大了眼睛，盯着面前不到 100 米处漂浮着的正在发送信号音的巨大生物。它静止不动地漂浮在空中，足有 20 米高，是一个典型的外星生物研究对象。它覆盖着角质层的身体是由复杂的脊柱、褶皱和曲线组合成的集合体，有棱有角，褶皱丛生，几乎难以描述。一对湿润的开口正在颤抖着打开，后面的浮囊则随着涌入的空气而膨胀扩张。一张发光的生物灯网围绕着一小对凹陷的红外坑。两个摆动着的橙色的声呐臂从悬空的巨大鳍下伸出来。在它们上面，一对平衡器官在不断运动中回旋摆动着。在生物体前部垂直部分的顶端，有一个巨大的半透明气囊，似乎是它的主要漂浮器官。一条细细的静脉丝贯穿了这个巨大的矢状囊，在身后闪烁着光芒的彩云衬托下显得格外精致。最引人注目的是，它的身体两侧垂下两条肌肉发达的手臂，末端是看起来很灵活的手指。我难以置信地盯着这个生物携带的巨大棍子，那是某种植物，从形状上看像是被啃咬过。

漂浮者稍稍移动了一下那条大棍子，以便用它那条有牙齿的长长象鼻局促地“咀嚼”它。我们彼此注视时，微小的植物碎片纷纷掉落下来。尽管我知道这是个不必要的防御措施，但我的手指还是挪到了紧急加速按钮上。

这是我在达尔文第四星球上遇到的最奇特生物，考虑到见过的奇怪生命体，这个发现非同小可。我认为这种生物有一定程度的感知能力，因为漂浮者似乎并不急于结束我们的相互观察。相反，它漂浮在我面前，似乎在用外星感官探测我的悬浮

与此同时，我正随着那个不明巨型漂浮者前进着。它在云层中悠闲地移动，以一种奇怪的方式发出信号音，这与我迄今为止观察到的任何东西都大为不同。这些声音和传来的回应存在明显的复杂度。我觉得自己好像在偷听一场对话。

当我逐渐靠近，准备近距离接触时，我变得愈加兴奋，非常渴望能够面对这些模糊声音和奇怪抛射物的来源。

强大的手臂和多个气囊使优胜者能够跟踪和杀死达尔文第四星球上的大型生物。可对抗的手指和爪子的排列使其可以用来杀戮、肢解和运输猎物。

锥。我把这个漂浮者命名为“厄俄斯类人[9]”（Eosapien），或者“黎明的思想家”，这个名字似乎非常合适，因为正是在那个灿烂的早晨，让我遇到了那个似乎正处于智慧门槛上的生物，这个名字似乎非常合适。

厄俄斯类人开始慢慢地绕着悬浮锥转，它的两个虹吸管呼哧呼哧地喷出气体，推着它顺利地转了两圈。我只能猜测它大概是得出了什么结论。我的悬浮锥散发着大量的热量，厄俄斯类人可能认为它是活物，又或者，它可能探测到了我在飞船内的存在，并得出了正确的结论。不管怎么说，它显然很感兴趣。

这只生物在空中盘旋时，我瞥见了一条长长的尾

[9] Eos：厄俄斯，古希腊神话中的黎明女神，相对应于古罗马神话中的奥罗拉，也译为欧若拉。——译者注

阳光下的厄俄斯类人

三个狩猎的类人正在投掷箭矢

巴，它下面有一个细长的鞘状物。我后来了解到，我所探测的飞弹——实际上，那是一种浮空的卵巢或者说蛋——就是从这个鞘状物的孔洞里弹射出来的。在大气稀薄的高空，太阳辐射在某种程度上促进了它们的孵化。

在我们相遇的最初，厄俄斯类人一直保持着相对的沉默，只是偶尔发出短促的信号音。然而，随着它完成了对我的太空舱的第二次绕行，这种近乎沉默的状态被一连串直冲云霄的响亮的信号音打破了。

10 分钟后，我的传感器捕捉到了远处的 15 个厄俄斯类人，它们正在与我交会路线上的云层中快速移动。很快，我就看到了一个令人激动也令人不安的景象。15 个漂浮的巨人都带着巨大的棍子，在我那位伙伴身后排成紧密的半圆形，而它正稳定地把一连串信号发到它们中间。它们小心翼翼地吱吱作响，微微地调整着棍子和声呐臂，从未偏离队形超过一米。它们每一个都有独特的生物光图案，似乎可以将彼此区分开来。有些类人生物佩戴的可能是箭舌兽椎骨的纤维绳索，像战利品一样挂在尾部。它们庄重而有威严，最重要的是，它们是有意识的。

沉默片刻后，这位伙伴伸出了一只橡胶般的长着指甲的手，抚摸着我的悬浮锥玻璃罩。在这个充满不确定性的时刻，我的心狂跳起来。然而，我依然坚守着，记录正在发生的一切，它们愈发意识到我是这颗星球上的外星人。那只手非常细致地探索了悬浮锥的表面，然后缩了回去。在完成触觉检查后，这个生物缓缓地退到了漂浮的类人群中。随后每个“人”都上前进行了一番相同的检查，以同样细致和谨慎的方式进行探索。

我周围的空气中充满了信号音，这些信号刚开始是不规则的、断断续续的响声，后来发展成非常悦耳的丰富颤音。这种颤音持续了一刻钟，随后厄俄斯类人们一个接一个地四散到云中去了。

我又变成一个人了。

在离开达尔文第四星球之前，我又与厄俄斯类人相遇了两次。这两次会面的情形与第一次截然不同，之前遇到是一大群好奇的类人，而后来面对的是一个八人的低空狩猎队。当时的天气很像我遇到帝王海步巨兽的那一天。在我尽力跟上这些灵

> 图 36：它们再次升空，把冒着热气的尸体留在黑暗里。

厄俄斯类人狩猎队以致命的准确性投掷箭矢，将猎物困在防止逃跑的栅栏里。然后，巨大的漂浮生物从四面八方进入，进行杀戮。

活的漂浮生物时，阴沉的天空中还飘着破碎的云。厄俄斯类人正在高速追赶远处地面上一些看不见的猎物，不断地调整着巨大的声呐臂。每只漂浮生物都带着我现在已经很熟悉的棍状工具，很快我就发现这是一个巨大的镖矛。一旦瞄准猎物，类人就会以惊人的速度发射出它们的投矛，速度快到我坚信只有靠运气才能有所收获。

当我跟着队伍走到 50 米处时，我惊呆了，我发现它们的攻击精确得可怕。它们跟踪着猎物——一只巨大的对称兽——进入峡谷，在那里，它们扔出一支支投矛把它困住。这只绝望的

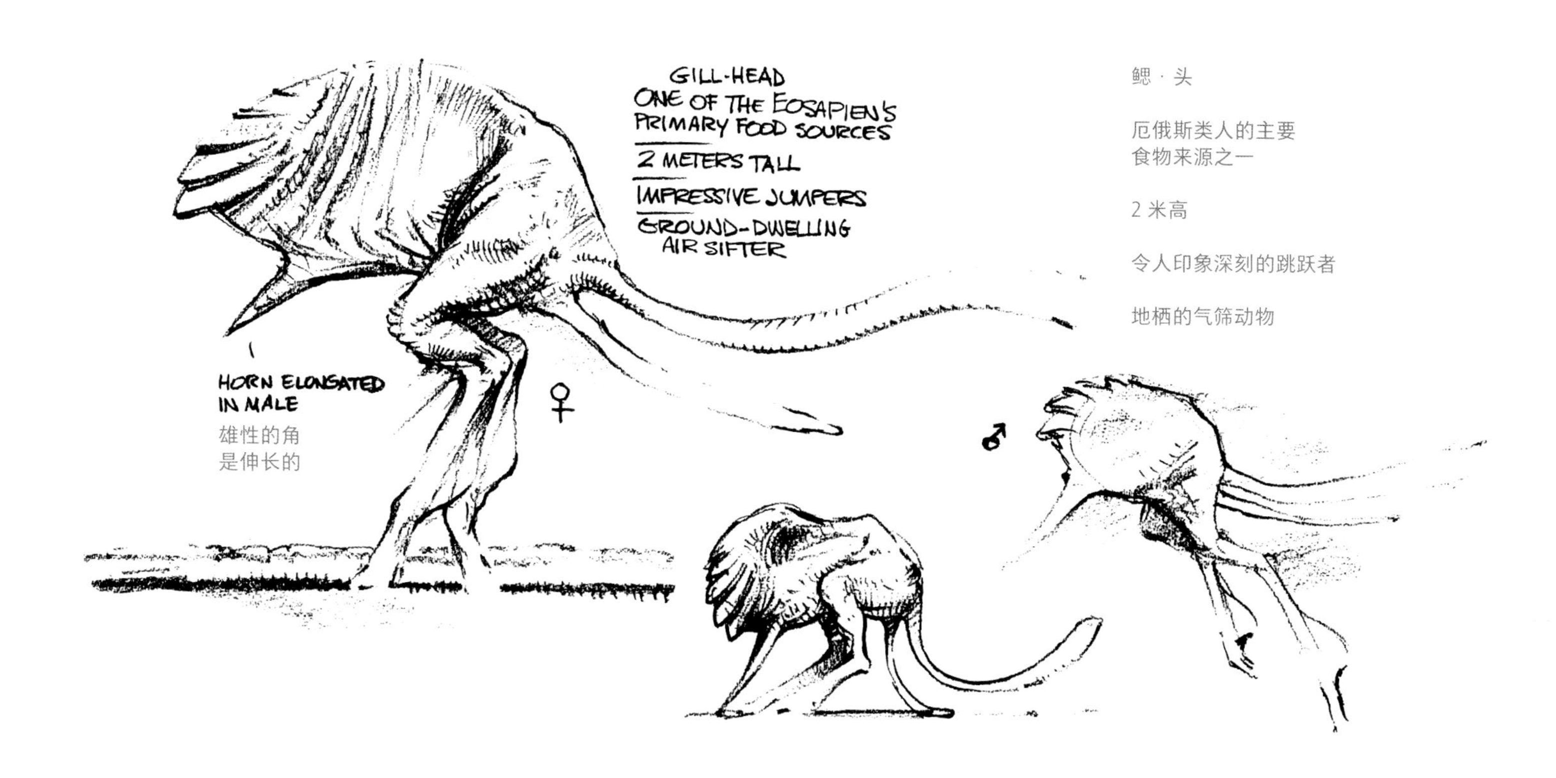

对称兽向深陷在地里的导弹扑去，但导弹纹丝不动。顷刻间，漂浮生物就扑向了它，一些类人按住了这只无助的野兽，另一些类人则把它两条肌肉发达的腿从骨盆里扯了出来，发出令人毛骨悚然的声响。这是一个可怕的景象，原始而野蛮。仍然活着的对称兽被高高举起，它被拆下的腿也被高高举起，在粗糙的地面上留下了几道长长的、书法一般的黑色血迹。

厄俄斯类人的主要食物是鳃头兽（Gill-head），它是达尔文第四星球上为数不多的居住在地面的气筛生物之一。

同一天晚上，我跟随三只厄俄斯类人进行了另一次狩猎。这一次的追捕远没有那么狂热，因为这些漂浮生物在跟踪一只缓慢而年迈的雷背兽。当雷背兽摇摇晃晃地倒下，狩猎行动不可避免地进入了悲剧性的结局。漂浮者们没有任何仪式感地降落到了这只受惊的野兽的两侧，抓住它踢着的腿，把它们扭下来。就跟之前迅如奔雷的俯冲一样，它们再次飞快地冲向天空，把冒着热气的尸体留在了黑暗里。

这几次的经历给我留下了对达尔文第四星球的最后印象。这个星球在生命形态方面既有着奇特的美丽之处，其野蛮习性也令人惊叹不已，这种戏剧性的对立格外引人瞩目。

伊玛石碑

返航

DEPARTURE

是离开轨道的时候了。一位伊玛医生正安静地进行着休眠的繁杂准备工作。他向我保证，我返回地球的旅程将像一个转瞬即逝的美梦一样，我知道这说法有点夸张。

当我在失重状态挂在睡眠舱里时，透过塑料茧舱的透明侧面向外看。发光天花板下的几十个吊舱看起来非常像阿米巴海内部的景象。我可以看到悬浮舱内探险队员们的身影，我怀疑，他们中的一些人已经睡着了。

眼前开始变得越来越模糊。我还记得第一次使用休眠舱的经验：这是服用外星药物后身体出现的早期迹象之一。我光着身子，刮了毛，感觉非常冷，更糟糕的是，每隔 30 分钟就有一个巡逻的伊玛技术员过来，向我喷射背包里的冷冻蒸汽。对我来说，这个背包就像一只巨大的蝎子。

我的睡眠舱被封住了，慢慢地，冰冷的胶状液体填满了整个舱体。我开始注意到自己逐渐感受不到四肢末端了。为了让自己不去想这些不愉快的感觉，我试图尽可能多地回忆我在地球上的家。出现在我脑海中的画面是一个灰色的疲惫星球，到处都是阴郁疲倦的人。我想到了我的妻子、孩子和我们在纽约市中心的小家。他们在等我，我很想和他们在一起。他们是我在地球上的生命绿洲。

我的思绪又飘回了在达尔文第四星球上的漫游经历。突然间，脑海中涌出了一段段愉悦的回忆。思绪开始跳跃，从一次奇妙的动物邂逅跳到另一次。我又跟随那群疯狂的斑纹翼兽飞越了阿米巴变形海，当达尔文第四星球上的猛兽、帝王海步巨兽和巨大的树背兽像某些疯狂的幻想生物一样在我脑海中漫步时，我屏住了呼吸。

我意识到，我的意识正逐渐输给睡意。我突然想起了伊玛人留在达尔文第四星球平原上的钛制石碑，它是这个星球的守护者和监测器。它的银色侧面刻有探险队员的名字，隐藏着无数的微型系统，与整个星球的入侵警报系统相连。在达尔文系统中巡逻的机器人——无人机警察将定期收集并传送积累的数据。得知达尔文第四星球将受到如此完善的保护，我感到很欣慰。

眼皮越来越重，脑海中浮现出许多关于达尔文第四星球及其动物的画面。这是一个多么难以置信的奇妙世界，它充满生命力，明艳的美丽令人难以忘怀。现在我已经品尝过了达尔文第四星球上广阔平原的自由，怎么能再次在那拥挤混乱的世界里生存下去呢？怎么能把达尔文第四星球上袖珍森林里的奇异和青翠之美与曾经是地球上伟大森林的荒芜之地相比呢？我该怎么向我的女儿讲述这一切？我该如何向她解释我们挥霍了本应属于她的世界？渐渐进入休眠状态时，我意识到，达尔文第四星球的故事对她来说，就像曾祖父给我讲述的地球灭绝生物的故事一样遥远。好吧，我想，至少有一个地方可以让她做做梦……

EXPEDITION
Darwin IV - 2358

作者简介

INTRODUCTION

韦恩·道格拉斯·巴洛（Wayne Douglas Barlowe）出生于纽约格伦科夫（Glen Cove），他的父亲赛·巴洛（Sy Barlowe）和母亲多萝西娅·巴洛（Dorothea Barlowe）都是著名的博物学艺术家。韦恩·道格拉斯·巴洛曾在纽约市艺术学生联盟（Art Students League）和库珀联盟（Cooper Union）研习绘画。读大学时，他曾在美国博物学展览馆的展览部实习。实习期间，巴洛与父母合作完成了他的第一本艺术专著——《昆虫快速指南》（*INSTANT NATURE GUIDE TO INSECTS*）（由格罗塞特 & 邓禄普出版社（Grossett & Dunlop）出版）。

1979 年，他出版了自己的首部原创作品《巴洛外星生物创作指南》（*BARLOWE'S GUIDE TO EXTRATERRESTRIALS*），由沃克曼出版社（Workman Publishing）出版。该“指南”由巴洛构思、绘图、参与撰写，获得了美国图书奖提名和在科幻界享有盛誉的雨果奖提名。该书也被著名的《轨迹》杂志评为“最佳青少年图书”。作为公认的当代科幻经典，《巴洛外星生物创作指南》取得了近五十万本的不俗销量。

在八年时间里，巴洛为美国各大出版商创作了 300 余幅书籍、杂志的封面和插画，还为《生活》（*Life*）、《时代》（*Time*）和《新闻周刊》（*Newsweek*）等知名杂志创作了很多专栏插画。沃尔特·克朗基特（Walter Cronkhite）的《宇宙》（*Universe*）、宗毓华（Connie Chung）的《周六夜现场》（*Saturday Night*）和探索频道等电视节目都介绍过他的作品。科幻频道的《太空内幕》（*Inside Space*）节目曾播出过对巴洛的专访。此外，《电视指南》（*TV Guide*）、《星光志》（*Starlog*）、《奇幻国度》（*Realms of Fantasy*）、《科幻时代》（*Science Fiction Age*）、《星爆》（*Starburst*）、《电视天地（英国版）》（*TV ZONE UK*）、《电影传真》（*Filmfax*）和《想象 FX》（*ImagineFX*）等知名杂志也刊登过巴洛的作品和访谈。

1990 年，沃克曼出版社（Workman Publishing）出版了巴洛的第二本书《远征》（*EXPEDITION*）。本书从自然史的角度描绘了通往另一个星球的旅程。它包含 40 幅油画、100 幅黑白插图和 200 页文本。该书出版后大获好评，被科幻艺术家协会提名 1991 年的切斯利奖；被纽约公共图书馆评为 1991 年青少年最佳书籍。

巴洛的作品种类繁多，有插画立体书（例如兰登书屋 1987 年出版的《星球大战》插画立体书）、儿童成长记录图、日历和图像小说等。雷维尔公司（Revell）1983 年曾推出过他制作的“枭雄”（POWERLORDS）系列科幻主题玩具。1994 年，漫画出版社（Comic Images）出版过《韦恩·巴洛的异世界》（*THE ALIEN WORLD OF WAYNE BARLOWE*）系列艺术套卡。

巴洛的绘画作品曾在布朗克斯艺术博物馆（Bronx Museum of the Art's）、奥兰多科学中心（Orlando Science Center）、新大英美国艺术博物馆（New Britain Museum of American Art）、插画家协会（Society of Illustrators）、公园大道会展中心（Atrium at Park Avenue）、位于康涅狄格州布里奇波特的探索博物馆（Discovery Museum in Bridgeport）、诺门罗克威尔博物馆（Norman Rockwell Museum）、洛杉矶乡村艺术馆 (LACMA)（The Los Angeles County Museum of art）、纽约海登天文馆（Hayden Planetarium）和英国格林尼治天文台（Greenwich

Observatory）等知名机构展出。

1984 年，他协助组织并主持了美国插画师协会自成立以来的首次科幻艺术展。最近一期由美国插画师主办的“奇幻艺术大师秀”节目介绍了他的作品。巴洛也被载入美国插画家协会编写的权威著作《美国插画师：1860-2000》当中。

1995 年 3 月，巴洛的第一本恐龙主题插画书《恐龙全书》由教育出版社（Scholastic Books）出版。此书的文字内容由著名古生物学家彼得·多德森博士（Dr. Peter Dodson）撰写。该书出版后受到评论界的一致好评。《恐龙全书》1995 年春季被美国书商协会（American Booksellers）选为“推荐书目”之一，至今已售出超过 17 万册。巴洛还为多德森博士关于角龙的著作《有角恐龙》（*THE HORNED DINOSAURS*）创作了六幅大型油画作品，该书由普林斯顿大学出版社（Princeton University Press）于 1996 年出版。

1995 年，莫菲斯国际出版公司（Morpheus International）出版了巴洛的艺术回顾集《韦恩·巴洛的异想生物》（*THE ALIEN LIFE OF WAYNE BARLOWE*）。

1996 年，哈珀柯林斯出版社（Harper Collins）出版了《韦恩·巴洛的异想生物》的续篇——《韦恩·巴洛奇幻艺术创作指南》（*BARLOWE'S GUIDE TO FANTASY*）。

1999 年，莫菲斯国际出版公司出版了巴洛的另一本艺术画册《韦恩·巴洛奇幻地狱作品集》。

巴洛曾经为长达两小时的电影《巴比伦五号：第三空间》（*BABYLON 5: THIRDSPACE*）设计模型、外星人主角造型及外星家园，自那时起，巴洛开始涉猎电影设计领域。他为 20 世纪福克斯公司出品的动画电影《冰冻星球》（*TITAN AE*）和斯坦·温斯顿工作室（Stan Winston Studios）出品的《银河追缉令》（*GALAXY QUEST*）设计过生物造型。2000 年，巴洛为《刀锋战士 2》（*BLADE 2*）创作了预设图。2002 年，巴洛在电影《地狱男爵》（*HELLBOY*）和《哈利·波特与阿兹卡班的囚徒》（*HARRY POTTER AND THE PRISONER OF AZKABAN*）中担任生物 / 角色设计师。2003 年，巴洛再次为《哈利·波特与火焰杯》（*HARRY POTTER AND THE GOBLET OF FIRE*）创作了概念图。

2001 年，巴洛推出了《韦恩·巴洛奇幻地狱作品集》的续篇——《烈焰：地狱之光》（*BRUSHFIRE: Illuminations from the Inferno*）。这是一本油画作品集。

2004 年，探索频道买下了巴洛的作品《远征》的版权，并根据此书制作了一起名为《异星》（*ALIEN PLANET*）的节目。该节目时长两个小时，由巴洛本人担任设计师和执行制片人。

2005 年，在詹姆斯·卡梅隆的邀请下，巴洛为里程碑式的电影《阿凡达》（*AVATAR*）创作了生物概念设计初稿。巴洛率领着一个小型艺术家团队，历经四个月的奋战，为卡梅隆的潘多拉星球上的神奇生物奠定了基础。

2006 年，巴洛为《地狱男爵 II：黄金军团》（*HELLBOY II: THE GOLDEN ARMY*）创作了前期艺术设定图。此外，他还为遗迹娱乐（Relic Entertainment）出品的电影《原型》（*PROTOTYPE*）创作了一系列前期设定作品。他也是跨平台主机游戏《但丁地狱之旅》（*DANTE'S INFERNO*）的主要风格设计师。

2007 年，托尔出版社（Tor Books）出版了《神之恶魔》（*GOD'S DEMON*）的精装本。这是巴洛创作的第一部小说。这本小说的情节以他多年来创作的一系列地狱主题作品为基础，出版后颇受好评。2019 年，《神之恶魔》的续作《地狱之心》（*THE HEART OF HELL*）出版，同样大获好评。

在写作的同时，巴洛也参与了《地球停转日》（*THE DAY THE EARTH STOOD STILL*）、《异星战场：约翰·卡特传奇》（*JOHN CARTER*）、《绿灯侠》（*GREEN LANTERN*）、《牛仔和外星人》（*COWBOYS AND ALIENS*）、《里约大追捕》（*R.I.P.D.*）等多部电影的制作。

2009 年，他奔赴新西兰，整整一个冬天都在参与《霍比特人》（*THE HOBBIT*）的制作。自那时起，他先后投身于多部电影和电视项目，包括《环太平洋》（*PACIFIC RIM*）、《彼得的龙》（*PETE'S DRAGON*）、《黑镜：潘达斯奈基》（*BLACK MIRROR: Bandersnatch*）、《暗夜飞行者》（*NIGHTFLYERS*）、《黑帆》（*BLACK SAILS*）、《海王》（*AQAUAMAN*），以及电子游戏《中土世界：暗影摩多》（*SHADOW OF MORDOR*）。他最近参与的影视设计项目是亚马逊出品的网络剧集《魔戒：力量之戒》（*RINGS OF POWER*）。

2020 年，总部位于中国的公司禅朋克公司（Zenpunk）推出了一款高度还原的 1/6 比例模型，复刻了他在《神之恶魔》中的人物——恶魔法拉伊男爵（Baron Faraii）。

2021 年，总部位于北京的乐艺公司（ArtPage）发行了重量级画集 *PSYCHOPOMP*，全面收录了巴洛在 30 多年间以地狱为主题的作品。

巴洛还编写了两部正处于前期制作阶段的电影剧本——《暗黑》（*THE BLACKNESS*）和《后记》（*EPILOGUE*），这两部作品讲述的都是科幻故事。他目前还在创作自己的地狱小说《路西法的灵魂》（*LUCIFER'S SOUL*）和一部新的科幻电影剧本。

虚构世界的“真实”游记

我与世界幻想艺术大师韦恩 · 巴洛先生的首次合作是出版一部他创作了三十年的作品集——*PSYCHOPOMP*（中译名：《引魂者》）。当时我选择了一种我从未尝试过的模式——全球多个国家和地区同步发行，其中的压力是巨大的，但巴洛先生在邮件中以谦逊的态度和真诚的语言，不断地支持和鼓励着我继续前行。经过了长达一年的共同努力，终于在2021 年 4 月 26 日实现了 *PSYCHOPOMP* 在全球多个国家和地区的同步上市和发行，并且获得了艺术界的认可和读者的广泛好评。同年年底，巴洛先生特别在邮件中向我表示，这是他在 2021 年经历的最愉快的一件事，这让我备受鼓舞。

2022 年，巴洛先生又向我推荐了一本他在 1990 年前出版的作品 *EXPEDITION*，希望我可以引进在中国出版。当时我的第一感觉是，出版这么一本三十多年前的作品集，内容会不会过时了呢？但当我看到第一章的内容，便被这个故事所吸引，因为巴洛先生不只是作者，也是这个故事的主角，而且这本作品集既包含了很多对外星生物的细致绘画，又以严谨且充满情感的文字将巴洛先生想象中的达尔文第四星球描述出来，文字与绘画的完美结合，汇集成这本近乎“真实”的外星科考与探险记。

之后我便开启对这部作品的背景调研，本书的英文名为：EXPEDITION BEING AN ACCOUNT IN WORDS AND ARTWORK OF THE 2358 A.D. VOYAGE OF DARWIN IV，中文版我们翻译成《远征 2358 年达尔文第四星球之旅》，该作品在 1990 年正式出版之后获得了很多奖项，包括 1991 年科幻艺术家协会的切斯利奖（Chesley Awards）提名、1991 年纽约公共图书馆最佳青少年图书奖等。2005 年，探索（Discovery）频道还将其改编成了一部“真实”的科幻纪录片《异形星球》（*Alien Planet*），邀请了美国很多知名的导演与科学家加入其中，如《星球大战》导演乔治 · 卢卡斯、理论物理学家斯蒂芬 · 霍金、超弦理论专家加来道雄和来自美国航空航天局（NASA）的一批天文科学家等，大家就达尔文第四星球做了很多“真实性”的描述。

后来，我在一次偶然的机会和《科幻世界》的拉兹老师提起该作品，我记得当时只是很简单地叙述了书中的一些片段，他便立刻说出了这部作品的名称，他说这部作品是在他上大学期间对他影响很大的一部科幻作品，记忆深刻，而且他万万没想到，这部作品时隔几十年后神奇地出现在我这里，大家可以从拉兹老师的序言中看到这段故事。像这样的插曲还有很多，比如中国传媒大学动画学院的首任院长路盛章教授与北京电影学院美术系周萍教授，他们二人已近耄耋之年，看完《远征》之后评价道“巴洛先生创作的幻想外星生物都非常有趣，能感受到真实的生命力”；还有中央美术学院的穆之飞老师、武汉理工大学在读博士田苗子老师等，他们都对这部作品给予了很高的评价，同时也给予了我继续前进的鼓舞和巨大动力。另外，这本幻想博物类作品的内容对于翻译的水平要求极高，中间经历了漫长的翻译与审校过程。人民邮电出版社的易舟老师、闫妍老师经过多方努力找到了非常专业的胡慧萱老师作为译者，并且邀请了科幻世界杂志社副总编拉兹老师、上海浦东新区科幻协会顾备会长和乐艺英文文学类顾问刘海静老师为译稿进行了多次审稿与校对，以确保在天文、科学、地质、生物等学科专业领域用词的准确性，同时还要注意保留巴洛先生诗意幻想的语言风格，保证其文学性和可读性。可以说，没有这些朋友的支持，就没有这部作品的推进。

今年年初，当我与巴洛先生在纽约见面，这是我第一次见到巴洛先生，之前一直是通过邮件的往来。我想象中的巴洛先生是一位极为传统、严谨的艺术家，毕竟他已是花甲之年，在纽约街头亲眼见到巴洛先生，他很自然地斜靠着纽约街边的栏杆，一身藏青色的夹克上配满了各种充满趣味的小徽章，并且非常健谈，和我想象中的样子完全不同，巴洛先生真的是一位风趣、思想“年轻”且充满活力的艺术家。他带我一起去了 MOMA（纽约现代艺术博物馆），我们一起探讨了很多对于艺术的看法，没想到，虽然远隔重洋，我们的文化背景完全不同，年龄也相差很多，但是我们有很多相似的观点与看法。而且，这本书与我有着冥冥之中的缘分，“EXPEDITION”一词，我最初想翻译成“探险家”三个字，

这张照片是 2024 年 1 月我和巴洛先生在他的工作室做专访时的合影

但是后来出版社投票选择书名的时候，大家都倾向于使用直译“远征”，这个词和我的名字“袁征”同音，所以我相信缘分，是时间与空间中的一种神奇的力量使我们相互吸引，相遇在一起，这也让我必须尽我所能地把这部作品集做好。

2024 年春节过后，本书最终的中文版文稿终于完成，我开始通读整本样书，文字与绘画的流畅感让我仿佛置身于达尔文第四星球之中，我感受到巴洛先生创作的不只是绘画，而是在大脑中构建了一个完整并富有丰富细节的真实世界，文字与绘画都只是巴洛先生的工具，就像他在专访中所说，他的创作内容一定要先能够欺骗自己的大脑，让自己相信它是真实存在的。在与巴洛先生的邮件往来中，我了解到，他在创作《远征》的时候，深受查尔斯 · 达尔文的《小猎犬号航海记》和他父母的影响。《小猎犬号航海记》记录了年轻的达尔文乘坐小猎犬号军舰进行了长达五年的科学探险的经历，为其写下跨时代巨作《物种起源》打下了坚实的基础。而巴洛先生以自己的想象为航舰，创造了一个无比真实的达尔文第四星球，难道不也是一场“物种起源”吗？这也正是我最佩服巴洛先生的一点，他将幻想世界、游记观感与科学思考三者完美结合，内容举重若轻，文笔轻松平稳，在极度细致的描述下加入了很多对地球、自然的悲悯之情。我猜测正是因为他的这种能力，在 2005 年的时候，在詹姆斯 · 卡梅隆的邀请下，巴洛先生为里程碑式的电影《阿凡达》（*AVATAR*）创作了生物概念设计初稿，为卡梅隆的潘多拉星球上的神奇生物奠定了基础。

《远征》在首次出版三十多年后的今天来到中国，而当下正处于科技与算力极速发展的时代，我突然感受到了这部作品的意义所在：巴洛先生从一开始就不只是专注在美术，而是在于更深度的内容的表达，这种表达不是一种工作，这是巴洛先生放松自己、与自己相处的一种生活方式。巴洛先生曾经说过，我们现在能看到祖先留下来的很多遗迹和文物，其实它们在出现之时只是一部作品，只不过在当时经过了创造者的反复雕琢，又经历了时间的洗刷和历史的沉淀，到现在变成了一种文化、传统或者神话的形式。所以我们如果以这种超越时间的观念去判断当下创作作品的状态，我们的维度会变得非常不同。当下很多创作者因为人工智能的出现，普遍都变得很焦虑，但我从巴洛先生的《远征》作品中看到，它在 20 世纪 90 年代以图书的形态出现，在 2014 年以 3D 纪录片的形式出现，到了 2024 年，除了本书中文版的面世外，我还一直在推进 VISION PRO 的虚拟现实项目，只要你在自己喜欢的题材中足够地深入，每个时代都会提供新的工具来实现你的想象力。

现在正是全球创作者的一个重要分水岭，而巴洛先生的作品给予了中国乃至全世界年轻创作者一个新的视角、新的维度，让我们重新审视我们的创作，让我们更加深入地专注内容的挖掘，以更多元的方式让观众去体验。同时这部作品也献给现在的孩子们，通过巴洛的作品可以让你了解更多外星生物的可能性，有一天你们的想象经过自己的沉淀也会变成一部伟大的作品乃至神话。最后这部作品也是献给所有人，我们要重新审视我们的环境与生命，它们已经饱受摧残，达尔文第四星球也许可以让我们窥探到地球的初始状态，让我们更加珍惜孵育人类、繁衍人类的星球。

袁征
乐艺创始人
2024 年 2 月
于北京

出版方

art page 乐艺

乐艺 ArtPage 是一家全球性的数字艺术平台和内容孵化机构。2006 年，它建立了中国精英数字艺术家社区——leewiART，成功地运营了多个国际艺术项目，包括有来自世界各地超过 300 位艺术家参与的“天下共生”CG 艺术精英邀请赛。至今，乐艺已与来自三十多个国家超过 5000 位艺术家合作，主办和协办了超百场国际性艺术比赛和展览。

从 2016 年起，乐艺开启以优质、深度内容开发为核心的全新定位，其涉及业务范围包括出版、展览、玩具、电影、游戏、商业零售等。通过与全球数字艺术家近二十多年的紧密合作，乐艺形成了敏锐的艺术发现视角与独特的内容开发运营体系，成功孵化了如 ZEEN CHIN（马来西亚）《返童》《鬼神朋克》、林文俊《千里幽歌》、何欣《中国百鬼录》、沈鑫《山海经》、赵恩哲《星渊彼岸》、矩阵《红日》、苏健《悍将108》、梁毅《虎桔》、段磊《封神》、杨雪果《虚空造物》等知名作品。

2021 年，乐艺成功出版并全球发行了世界幻想艺术大师韦恩 · 巴洛（美国）创作了 30 年的作品集 *PSYCHOPOMP*。2023 年，乐艺与云南省博物馆和云南艺术学院共同主办了中国与东南亚数字艺术展览及高峰论坛，并成功引进世界科幻里程碑作品《远征2358 年达尔文第四星球之旅》至中国。

联合出版方